迁徙动物

动物百科编委会　编著

中国大百科全书出版社

图书在版编目（CIP）数据

迁徙动物 / 动物百科编委会编著． -- 北京：中国
大百科全书出版社，2025. 1. --（动物百科）． -- ISBN
978-7-5202-1833-7

Ⅰ．Q958.13-49

中国国家版本馆 CIP 数据核字第 2025Q6G365 号

总 策 划：刘　杭　郭继艳
策划编辑：张会芳
责任编辑：李昊翔
责任校对：邵桃炜
责任印制：王亚青
出版发行：中国大百科全书出版社有限公司
地　　址：北京市西城区阜成门北大街 17 号
邮政编码：100037
电　　话：010-88390811
网　　址：http://www.ecph.com.cn
印　　刷：唐山富达印务有限公司
开　　本：710mm×1000mm　1/16
印　　张：10
字　　数：100 千字
版　　次：2025 年 1 月第 1 版
印　　次：2025 年 1 月第 1 次印刷
书　　号：ISBN 978-7-5202-1833-7
定　　价：48.00 元

本书如有印装质量问题，可与出版社联系调换。

——— 总　序

　　这是一套面向大众、根植于《中国大百科全书》第三版（以下简称百科三版）的百科通俗读物。

　　百科全书是概要记述人类一切门类知识或某一门类知识的完备的工具书。它的主要作用是供人们随时查检需要的知识和事实资料，还具有扩大读者知识视野和帮助人们系统求知的教育作用，常被誉为"没有围墙的大学"。简而言之，它是回答问题的书，是扩展知识的书。

　　中国大百科全书出版社从 1978 年起，陆续编纂出版了《中国大百科全书》第一版、第二版和第三版。这是我国科学文化建设的一项重要基础性、标志性、创新性工程，是在百年未有之大变局和中华民族伟大复兴全局的大背景下，提升我国文化软实力、提高中华文化国际影响力的一项重要举措，具有重大的现实意义和深远的历史意义。

　　百科三版的编纂工作经国务院立项，得到国家各有关部门、全国科学文化研究机构、学术团体、高等院校的大力支持，专家、学者 5 万余人参与编纂，代表了各学科最高的专业水平。专家、作者和编辑人员殚精竭虑，按照习近平总书记的要求，努力将百科三版建设成有中国特色、有国际影响力的权威知识宝库。截至 2023 年底，百科三版通过网站（www.zgbk.com）发布了 50 余万个网络版条目，并陆续出版了一批纸质版学科卷百科全书，将中国的百科全书事业推向了一个新的高度。

　　重文修武，耕读传家，是我们中国人悠久的文化传承。作为出版人，我们以传播科学文化知识为己任，希望通过出版更多优秀的出版物来落实总书记的要求——推动文化繁荣、建设中华民族现代文明，努力建设中国式现代化强国。

为了更好地向大众普及科学文化知识，我们从《中国大百科全书》第三版中选取一些条目，通过"人居环境""科学通识""地球知识""工艺美术""动物百科""植物百科""渔猎文明""交通百科"等主题结集成册，精心策划了这套大众版图书。其中每一个主题包含不同数量的分册，不仅保持条目的科学性、知识性、准确性、严谨性，而且具备趣味性、可读性，语言风格和内容深度上更适合非专业读者，希望读者在领略丰富多彩的各领域知识之时，也能了解到书中展示的科学的知识体系。

衷心希望广大读者喜爱这套丛书，并敬请对书中不足之处给予批评指正！

《中国大百科全书》编辑部

"动物百科"丛书序

    全球已知有150多万种动物，包括原生动物、多孔动物、刺胞动物、扁形动物、线形动物、苔藓动物、环节动物、软体动物、节肢动物、棘皮动物、脊索动物等，个体小至由单细胞构成的原生动物，大至体长可达30多米的脊索动物蓝鲸，分布于地球上所有海洋、陆地，包括山地、草原、沙漠、森林、农田、水域以及两极在内的各种生境，成为自然环境不可分割的组成部分。

    除根据动物分类学将动物分类外，还可根据动物的种群数量、生活环境、对人类的利弊、生物习性等进行分类。有的动物已经灭绝，有的动物仍然生存繁衍。但现存动物中一部分已经处于濒危、近危、易危状态，需要我们积极保护。还有一部分大量存在的动物，有的于人类相对有益，如家畜、家禽、鱼虾蟹贝类、传粉昆虫、害虫的天敌等，是人类的食物来源和工业、医药业的原料，给人类的生存和发展带来了巨大利益；有一些动物（如猫、狗）是人类的伴侣，还有一些动物可供观赏。有些动物于人类相对有害，破坏人类的生产活动（如害虫、害兽）或给人类带来严重的疾病。动物的生活环境也不尽相同，有终生生活在陆地上的陆生动物，有水陆两栖的两栖动物，有终生生活在水中的水生动物，其中水生动物还可分为淡水动物和海水动物。此外，自然界的动物习性多样，有的有迁徙（洄游）习性，有的有冬眠习性。

    为便于读者全面地了解各类动物，编委会依托《中国大百科全书》

第三版生物学、渔业、植物保护学、畜牧学等学科内容，组织策划了"动物百科"丛书，编为《灭绝动物》《保护动物》《有益动物》《有害动物》《常见淡水动物》《常见海水动物》《畜禽动物》《迁徙动物》《冬眠动物》等分册，图文并茂地介绍了各类动物。必须解释的是，动物的有害和有益是相对的，并非绝对的；动物的灭绝与否、受保护等级等也会随着时间发生变化，本丛书以当前统计结果为依据精选了相关的内容。因受篇幅限制，各类动物仅收录了相对常见的类型及种类。

希望这套丛书能够让更多读者了解和认识各类动物，引起读者对动物的关注和兴趣，起到传播科学知识的作用。

动物百科丛书编委会

目　录

第3章　哺乳类　71

第4章　鱼类　87

第5章　虾类　127

第6章　大型海洋动物　131

第 **7** 章　爬行类　143

第1章

鸟类

雁鸭类

天　鹅

天鹅是雁形目鸭科的一属，是鸭科中个体最大的类群。

天鹅颈修长，几乎与身躯等长；嘴基部高而前端缓平；尾短而圆；蹼强大，但后趾不具瓣蹼。世界上共有 5 种。中国有大天鹅、小天鹅和疣鼻天鹅 3 种。大天鹅和疣鼻天鹅均在中国繁殖和越冬；小天鹅繁殖于欧亚大陆的极北部，迁徙时途经中国东北、内蒙古和华北地区，在长江中、下游和东南沿海地区越冬。

疣鼻天鹅是天鹅中最美丽的一种。全长约 150 厘米。体呈白色，嘴呈赤红色，前额有一黑色疣突。夏季见于中国北方草原－荒漠地区的湖泊、水库中，一般成对活动，在水面上常把颈弯成 S 形，并拱起蓬松的翅膀。天鹅以蒲根、野菱角和藻类为食，

疣鼻天鹅

也挖食莲藕等。3 月底开始营巢繁殖。巢筑于蒲苇深处，呈圆形，以蒲苇茎叶搭成。每窝产卵 4 ～ 9 枚。卵呈苍绿色且有污白细斑。雌鸟孵卵。9 月下旬开始南迁，一般列队为 6 ～ 20 只。

中华秋沙鸭

中华秋沙鸭是鸟纲雁形目鸭科秋沙鸭属的一种。属迁徙鸟类。

◆ **地理分布**

中华秋沙鸭是单型种，无亚种分化。繁殖在俄罗斯东南部，朝鲜，中国东北部的黑龙江、吉林及内蒙古地区。大多数越冬于中国中部和南部地区，少数越冬于日本、韩国、缅甸和泰国，零星个体越冬于俄罗斯东南部和朝鲜。

◆ **形态特征**

中华秋沙鸭的羽冠长而明显，成双冠状。嘴长而窄，呈红色。雌雄异色。雄鸟头、上背及肩羽黑色；下背、腰和尾上覆羽白色，翼镜白色，下体白色，两胁具黑色鳞状纹。雌鸟头和颈棕褐色，具有羽冠；喉部淡棕色，上体灰褐色，胸部白色杂以褐色鳞斑。胸部白色可区别于红胸秋

中华秋沙鸭

正在捕食的中华秋沙鸭

沙鸭，体侧具鳞状纹有异于普通秋沙鸭。

◆ **生物学习性**

中华秋沙鸭在繁殖期主要栖息于成熟阔叶林和针阔混交林附近水流湍急的多石河谷和溪流中。越冬时多栖息于迂缓开阔的河流和湖泊中，常结小群活动，潜水捕食鱼类。

◆ **生活史特征**

中华秋沙鸭从 4 月初到 4 月中旬产卵，窝孵数 8 ～ 14 枚，孵化期 28 ～ 35 天。雏鸟出巢后，成家族群活动。

◆ **种群动态**

中华秋沙鸭的繁殖个体近 2000 对，其中约 1650 对繁殖于俄罗斯境内。中国境内发现 166 对，其中大部分发现于长白山（155 对），少量发现于小长白山（11 对）。

◆ **保护措施**

中华秋沙鸭的种群数量少，且由于栖息地丧失和人为干扰的影响，数量呈持续下降趋势，因此被世界自然保护联盟（IUCN）列为濒危（EN）。中华秋沙鸭在中国被《中国濒危动物红皮书·鸟类》列为稀有种、国家一级保护野生动物。应减少人为干扰，加强对其栖息地的保护与恢复。除设立自然保护区外，还应加强鸟类保护宣传，增加爱鸟护鸟的公民意识。

蓑羽鹤

蓑羽鹤是鸟纲鹤形目鹤科蓑羽鹤属的一种。属迁徙鸟类。

◆ **形态特征**

蓑羽鹤是大型涉禽，是鹤类中体形最小的种类。体羽主要为蓝灰色。头侧、喉和前颈黑色。喉和前颈羽毛极度延长成蓑状，眼后和耳羽形成的白色耳簇羽延长成束状，垂于头侧。翅灰色，但羽端黑色，飞翔时形成黑色翅尖。虹膜红色或紫红色，嘴黄绿色，脚和趾黑色。

◆ **生物学习性**

蓑羽鹤在非洲西北部、土耳其东部、俄罗斯西南部和中国北部的广大地区繁殖，越冬于非洲中部和印度等地。蓑羽鹤在中国繁殖于黑龙江省、吉林省、内蒙古自治区、宁夏回族自治区和新疆维吾尔自治区等地，迁徙时见于河北省、青海省、河南省、山西省等地。以往文献认为在中国西藏南部越冬，但卫星跟踪结果表明，被跟踪的蓑羽鹤在迁徙时不在西藏地区停留，而是直接飞越青藏高原和喜马拉雅山，到印度的北部越冬。在中国并未发现集中的越冬地，只有零星的越冬个体报道。

蓑羽鹤栖息于开阔的草原地区，在中国的栖息地有草甸草原、典型草原和荒漠草原，也在沼泽、苇塘、湖泊和河流等湿地周围或农田中活动。杂食性，主要以植物的种子、根、茎、叶和鱼、蛙、鼠类等小型动物以及昆虫为食。除繁殖期成对活动外，多以家族群或小群活动。

◆ **生活史特征**

蓑羽鹤的繁殖期为4～6月，在河滩、草甸上或水边草丛和沼泽中营巢，每窝通常产2枚卵，雌雄轮流孵化，孵化期27～30天。

◆ **种群动态**

蓑羽鹤在中国种群数量较少。尽管属于湿地鸟类，但其适栖环境是半干旱地区的草地生境。

◆ **面临威胁**

蓑羽鹤面临的主要威胁因素有：①牧区畜牧量过载。不但破坏了其栖息环境，同时也使繁殖地蓑羽鹤的巢被踩坏的概率增加。②草场退化造成的栖息地退化。③人为活动和毒杀。中国已将其列为国家二级保护野生动物。

鸿 雁

鸿雁是雁形目鸭科雁属的一种，是家鹅的原祖。

鸿雁分布于西伯利亚地区和中国。雄鸟全长约 90 厘米，雌鸟稍小。嘴呈黑色，较头部长；头顶呈白色，正中呈棕褐色，上体大部呈灰褐色，羽缘色淡直至白色；前颌下部和胸部均呈肉桂色，向后渐淡至下腹呈纯白色；两胁具暗色横斑；尾下覆羽和尾侧覆羽均呈白色。老年雄雁的上嘴基部有疣状突，跗跖呈橙黄色，爪呈黑色。

鸿雁

鸿雁栖息于河川、沼泽地带。夜间觅食植物，白天在水中游荡。春夏之间在中国内蒙古自治区东北部和黑龙江流域繁殖。在河中沙洲、湖中小岛或洼地的草丛中营巢。每窝产卵 4～8 枚。卵呈乳白色。秋季南迁，常结群飞行高空，列成 V 形，不时发出洪亮的叫声。在中国东部至长江中、下游以南地区过冬。

雀形目

鹪鹩

鹪鹩是鸟纲雀形目鹪鹩科鹪鹩属的一种。

◆ 地理分布

鹪鹩分布于美洲、欧洲、亚洲及非洲北部，共有 44 个亚种。在中国有 7 个亚种，分布于大多数地区。留鸟或冬候鸟。

鹪鹩

捕食中的鹪鹩

◆ 形态特征

鹪鹩是小型鸣禽，体长 10～13 厘米，两性相似。头侧浅褐，杂棕白色细纹；眉纹浅棕白色。上体棕褐色，下背至尾以及两翅满布黑褐色横斑。下体浅棕褐色，自胸以下亦杂以黑褐色横斑，尾常上翘。

◆ 生物学习性

鹪鹩栖息于森林边缘、灌丛、农田、果园等生境。一般单独、成双或以家庭集小群进行活动。性活泼而胆怯，鸣声清脆响亮。

夏天在海拔3900米的山顶也能见到,冬季迁徙下移到平原和丘陵地带,主要取食蛾类及天牛、小蠹、象甲、蝽象等无脊椎动物。栖止时,常从低枝逐渐跃向高枝。

◆ **生活史特征**

4～8月为鹪鹩的繁殖期。雌雄鸟共同筑巢,巢多筑在小溪和河流岸边阴暗潮湿的树根下,或在岩石、建筑物、倒木等的缝隙中,以细枝、松针、草叶、树叶、苔藓、羽毛、兽毛等物交织而成,呈深碗状或球形。每窝产卵4～6枚。卵白色,杂以褐色和红褐色细斑。由雌鸟单独孵卵。雏鸟经13～14天孵化后出壳,由雌雄亲鸟共同育雏。

灰鹡鸰

灰鹡鸰是鸟纲雀形目鹡鸰科鹡鸰属的一种。又称马兰花儿、黄鸰等。

◆ **地理分布**

灰鹡鸰共6个亚种,分布于欧洲、亚洲和非洲。中国仅有1个亚种,即普通亚种,在黑龙江、吉林、辽宁、内蒙古、河北、山西、陕西、甘肃、四川北部、青海东部和西藏南部等地均有分布,为夏候鸟,部分为旅鸟;迁徙期间也见于河南、山东、安徽、江苏、浙江、湖北、四川中部和西部及西南部、西藏南部和西部、青海东北部、甘肃西北部、祁连山及新疆等地;越冬于长江以南至东南沿海,包括台湾岛和海南岛,西至云南西部。

◆ **形态特征**

灰鹡鸰是小型鸣禽,体长16～19厘米。雄鸟上体灰褐色,尾上覆羽染绿；中央尾羽黑色，外侧尾羽黑褐色，具大型白斑。头具白色眉纹及黑色过眼纹。喉部夏季为黑色，冬季为黄色。翼下覆羽与背羽同色。飞羽黑色，内侧飞羽具明显白缘。下体黄色。雌鸟和雄鸟相似，但雌鸟上体绿灰色，颏、喉白色。虹膜褐色，嘴黑褐色或黑色，跗跖和趾暗绿色或角褐色。

◆ **生物学习性**

灰鹡鸰主要栖息于溪流、河谷、湖泊、水塘、沼泽等水域岸边或水域附近的草地、农田、住宅和林区居民点，尤其喜欢在山区河流岸边和道路上活动，也出现在林中溪流和城市公园中。海拔高度从 2000 米的平原草地到 2000 米以上的高山荒原、湿地均有栖息。常单独或成对活动，有时也集成小群或与白鹡鸰混群。飞行时两翅一展一收，呈波浪式前进。飞行时不断发出鸣叫声。常停栖于水边、岩石、电线杆、屋顶等突出物体上，有时也栖于小树顶端枝头和水中露出水面的石头上，尾不断地上下摆动。主要以鞘翅目、鳞翅目、直翅目、半翅目、双翅目、膜翅目昆虫为食，常沿河边、道路行走或跑步捕食，有时也在空中捕食。

◆ **生活史特征**

灰鹡鸰的繁殖期在 5 ～ 7 月，营巢在河边土坑、水坝、石头缝隙、石崖台阶、河岸倒木树洞、房屋墙壁缝隙等处。巢呈碗状，外壁多以枯草叶、茎、根和苔藓构成。主要以昆虫为食。属于重要的农林益鸟，在植物保护中有较大作用。每窝产卵 4 ～ 6 枚。

◆ **种群动态**

灰鹡鸰在中国很多地方都很容易见到，分布广、数量多，是中国常见的候鸟之一。

◆ 保护措施

在中国，灰鹡鸰已被列入国家林业局（今国家林业和草原局）2000年公布的《国家保护的有益的或者有重要经济、科学研究价值的陆生野生动物名录》（2023年更新为《有重要生态、科学、社会价值的陆生野生动物名录》）；此外，还有部分地区将其列入地方野生动物保护名单。

白鹡鸰

白鹡鸰是鸟纲雀形目鹡鸰科鹡鸰属的一种小型鸣禽。又称马兰花儿、白颤儿、点水雀、白面鸟、白颊鹡鸰等。具迁徙性。

◆ 地理分布

白鹡鸰在中国分布很广，几乎遍布全国各地，主要为夏候鸟，部分在中国东南沿海各省（自治区、直辖市）越冬；白鹡鸰在国际上分布也很广，几乎遍布整个欧洲、亚洲和非洲。白鹡鸰共有11个亚种，中国有7个亚种。

◆ 形态特征

白鹡鸰的体长为16～20厘米。体色以及头、胸部的黑斑纹变异较大。上体自黑色至深灰色，尾羽黑色，外侧尾羽具显著白斑。额、

白鹡鸰

头侧及额、喉白色，有黑色过眼纹。翼上覆羽及飞羽具白斑，使翅呈黑白两色。下体白色，胸部具宽窄不等的黑色胸带。虹膜黑褐色。嘴和跗跖黑色。

◆ 生物学习性

白鹡鸰主要栖息于河流、湖泊、水库、水塘等水域岸边，也栖息于农田、湿草原、沼泽等湿地以及水域附近的居民点和公园等地。常单独、成对或呈三五只的小群进行活动。迁徙期间也可见 10 多只至 20 余只的大群。多栖于地上或岩石上，有时也栖于小灌木或树上，多在水边或水域附近的草地、农田、荒坡及路边活动，或是在地上慢步行走，或是跑动捕食。鸣声清脆响亮，飞行姿势呈波浪式，有时也较长时间地站在一个地方，尾上下摆动。主要以鞘翅目、双翅目、鳞翅目、膜翅目和直翅目昆虫为食，属于益鸟，在植物保护中有较大作用。

◆ 生活史特征

白鹡鸰的繁殖期在 4～7 月。通常营巢于水域附近的岩洞、岩壁缝隙、河边土坎、田边石隙以及河岸、灌丛与草丛中。巢呈杯状，外层粗糙、松散，主要由枯草茎、枯草叶和草根构成，内层紧密，主要由树皮纤维、麻、细草根等编织而成；巢内垫有兽毛、绒羽、麻等柔软物。每窝产卵通常 5～6 枚，孵化期 12 天。雏鸟晚成性，孵出后由雌雄亲鸟共同育雏，14 天左右雏鸟即可离巢。

◆ 种群动态

白鹡鸰在中国很多地方都很容易见到，分布广、数量大，是中国常见的夏候鸟之一。

◆ **保护措施**

在中国，白鹇鸰已被列入国家林业局（今国家林业和草原局）2000 年发布实施的《国家保护的有益的或者有重要经济、科学研究价值的陆生野生动物名录》（2023 年更新为《有重要生态、科学、社会价值的陆生野生动物名录》）；此外，还有部分地区将其列入地方野生动物保护名单。

鸻形目

凤头麦鸡

凤头麦鸡是鸟纲鸻形目鸻科凤头麦鸡属的一种。具迁徙性。

◆ **地理分布**

凤头麦鸡广布于北美洲、欧亚大陆和非洲。凤头麦鸡在中国东北、内蒙古、青海和新疆等地繁殖，主要在黄河流域及以南地区越冬，迁徙时经过中国的大部分省（自治区、直辖市）。

◆ **形态特征**

凤头麦鸡的体形中等，全长约 33 厘米。头部有黑色的长而弯曲的羽冠；头侧白色；背、肩、腰羽墨绿色且带紫铜色光泽；上胸呈黑色，喉部、额部和腹部呈白色；飞羽呈黑色且带紫色光

凤头麦鸡

泽；有翼距。眼和耳区有肉垂；腿和脚趾等呈栗红色；雌鸟羽色比雄鸟稍浅。

◆ **生物学习性**

凤头麦鸡常成对或成小群栖息于河岸、沼泽地、稻田及放水后的水产养殖塘，喜在无植被或植被稀疏的开阔区域活动。以小虾、蠕虫、蚯蚓、昆虫、软体动物等无脊椎动物为食。白天和晚上均可觅食。

◆ **生活史特征**

凤头麦鸡处于繁殖期时在地面上浅穴内敷以少许草叶筑巢。每窝产卵 3～4 枚。卵呈土灰色且有黑褐色斑点。孵卵期 3～4 周。雏鸟早成性，出壳后即可活动，但需雌雄鸟共同照料一段时间，待幼鸟羽毛长成后，亲鸟才离开巢区。

飞翔中的凤头麦鸡

凤头麦鸡雏鸟

丘 鹬

丘鹬是鸟纲鸻形目鹬科丘鹬属的一种。具迁徙性。

◆ **地理分布**

丘鹬广布于北美洲、欧洲和亚洲大部地区。国际上，繁殖于欧亚大陆和日本，越冬于北非、南亚、中南半岛及日本，偶尔到菲律宾。在中国，于东北及新疆繁殖，越冬于西藏南部、云南、贵州、四川、长江以南地区以及海南岛、香港和台湾，迁徙时遍布东部各地。

丘鹬的巢和卵

◆ 形态特征

丘鹬是中等体形的鸻鹬类，体长约 35 厘米。体形矮胖，腿短而喙较长。体羽以黄褐色为主。头顶和枕部具有带状横纹。尾羽呈黑色，并散有锈色红斑，其末端呈黄灰色。下体呈白色且密布暗色横斑。雌鸟与雄鸟体色相似。

◆ 生物学习性

丘鹬主要栖息于潮湿、阴暗、落叶层较厚的混交林和阔叶林中。白天常隐伏林中，很少飞出。如果受惊，只飞一段很短的距离就又隐伏在

丘鹬

飞翔中的丘鹬

树丛中。黄昏常飞到森林附近的湿地觅食。主要以蚯蚓和鞘翅目、鳞翅目、双翅目等昆虫及其幼虫为食，也吃腹足类动物及植物。平常很少鸣叫，繁殖期的鸣声则多变。

◆ **生活史特征**

丘鹬的婚配制度为一雄多雌制。繁殖期为 5 ～ 7 月。巢建于密林中的地面、灌丛下或枯枝落叶中，为浅坑洼状。巢材包括枯枝、干草、干叶等。窝卵数 3 ～ 4 枚。卵长梨形，壳薄，呈棕、黄褐和粉红色且具有天蓝色或淡紫灰色斑点。孵化期 22 ～ 24 天。

蛎鹬

蛎鹬是鸟纲鸻形目蛎鹬科蛎鹬属的一种。具迁徙性。

◆ **地理分布**

蛎鹬主要分布于欧洲、亚洲、非洲及新西兰。在中国多见于沿海地区。

◆ **形态特征**

蛎鹬体长 45 ～ 50 厘米。雌雄体色相似，头、颈及上体呈黑色，下背、腰及尾上覆羽呈白色，尾羽基部呈白色，其余部分呈黑色。飞行时可见明显的宽大白色翅斑。虹膜、眼圈、喙、腿和脚呈朱红色。喙长且直，腿较粗壮。亚成体的虹膜、眼圈、腿和喙部的颜色比成体暗淡，成鸟身体的黑色部分在亚成体上呈灰色。

◆ **生物学习性**

蛎鹬是候鸟，夏季在中国东北、华北及新疆等地繁殖，秋季迁至南方越冬。主要栖息在滨海及河口滩涂、沼泽以及内陆湖泊河流的浅滩等湿地。通常单独活动，有时结成小群在滩涂上觅食。主要取食双壳类，也取食甲壳类、螺类、蠕虫及其他软体动物。

飞翔中的砺鹬

◆ **生活史特征**

蛎鹬是单配偶制，多在有沙砾的滩涂低洼处营简陋的巢，有时在巢中加入草茎、贝壳等衬垫物，有时不加衬垫物而直接产卵。每窝产卵 2 ～ 4 枚，多为 3 枚。卵呈橄榄灰色且有黑褐色斑点。雌雄鸟均参与孵卵，孵卵期 3 ～ 4 周。

正在捕食的砺鹬

砺鹬及其雏鸟

小青脚鹬

小青脚鹬是鸟纲鸻形目鹬科鹬属的一种。具迁徙性。

◆ **形态特征**

小青脚鹬体长约30厘米。体形稍显笨重而矮胖，嘴较粗而微向上翘，尖端黑色而基部淡黄褐色。上体黑褐色，具有灰色羽缘。夏季头顶至后颈暗褐色，具黑褐色纵纹。背部为黑褐色，具白色斑点。腰部和尾羽为白色，尾羽的端部具黑褐色横斑，飞翔时非常醒目。下体白色。前颈、胸部和两胁具黑色圆形斑点。体形与青脚鹬非常相似，但腿部明显短，并且偏黄色。在非繁殖季节，背部为浅灰色，羽缘为白色。胸部和两胁的斑点消失。亚成体与成鸟的冬羽相似，但头顶和上体更偏褐色，带皮黄色斑点，胸部有染棕色。

◆ 生物学习性

小青脚鹬的性情胆小而机警，稍有惊动即刻起飞。繁殖期主要栖息于沼泽、水塘和湿地附近的林地。非繁殖期主要栖息于海边滩涂、河口沙洲、潟湖等，偶见于红树林，也利用溪流、盐田和稻田等作为栖息地。

小青脚鹬

小青脚鹬属于候鸟，繁殖分布于库页岛和鄂霍次克海西侧，迁徙和越冬于东亚和东南亚地区。迁徙季可见于中国沿海和长江中下游地区，以及中国的台湾、香港等地。

◆ 生活史特征

小青脚鹬的繁殖种群在每年的 5 月中旬回到繁殖地，6～7 月繁殖，单配制，独巢或者由几个繁殖对组成群巢。巢筑在离地约 3 米、上方有遮蔽的树枝上，巢材包括松枝、地衣、苔藓等。每年繁殖 1 窝，窝卵数多为 4 枚，来自不同巢的幼鸟常常在出生后聚集在一起生活。在繁殖地主要捕食小型鱼类，也取食多毛纲、寡毛纲、甲壳纲动物以及软体动物和昆虫。在非繁殖期，偏爱蟹类等水生无脊椎动物和小型脊椎动物。成鸟 7 月底或 8 月初离开繁殖地，幼鸟则停留到 8 月底到 9 月中旬后才离开。

◆ **种群动态**

小青脚鹬是全球濒危物种，2012 年，国际性非政府组织湿地国际估计其种群数量为 600 只。但 2013 年秋季和 2015 年秋季，在中国江苏如东附近的滩涂湿地分别记录到 1117 只和 1100 只的迁徙群。由于与青脚鹬的外形相似，野外识别难度较大，仍缺乏其准确的数量信息。虽然以前低估了其种群数量，但种群数量稀少是不争的事实。

◆ **面临威胁**

小青脚鹬在迁徙期和越冬期依赖滨海湿地生活，滨海湿地的丧失和退化是其生存所面临的主要威胁，需要采取措施加强保护。

◆ **保护措施**

2021 年，中国修订的《国家重点保护野生动物名录》已将小青脚鹬增补为国家一级保护野生动物。

斑尾塍鹬

斑尾塍鹬是鸟纲鸻形目鹬科塍鹬属的一种。具迁徙性。

◆ **地理分布**

斑尾塍鹬在全球有 5 个亚种，在欧亚大陆北部和阿拉斯加繁殖，在非洲、大洋洲、南亚和东南亚的沿海地区越冬。

◆ 形态特征

斑尾塍鹬的体形较大，体长约 40 厘米。喙较长，基部肉红色、尖端黑色而略向上翘。贯眼纹细而深，眉纹白色明显。腿较长，但相对其他塍鹬较短。雌鸟体形比雄鸟大，喙部也明显更长。非繁殖期的雌雄鸟羽色相似，上体和头部有灰褐色花纹，胸部灰褐色，下腹部白色。繁殖期的雄鸟胸腹部变为栗红色，而雌鸟则在灰色胸腹部上呈现斑驳的橙色。

◆ 生物学习性

中国黄渤海地区的滩涂湿地是亚太地区斑尾塍鹬的重要迁徙停歇地，在春季迁徙高峰期，鸭绿江口、辽河河口、黄河三角洲等泥质滩涂都可记录到数千乃至上万只的斑尾塍鹬。迁徙经过中国的斑尾塍鹬有中部亚种和东北亚亚种两个亚种，东北亚亚种腰部颜色较深，而中部亚种腰部颜色较淡。在飞行或翅膀展开时，两个亚种在外观上可以区分开来。卫星追踪研究表明，中部亚种在澳大利亚越冬，在西伯利亚繁殖，春季和秋季迁徙都会经过中国东部地区；东北亚亚种在新西兰和澳大利亚东部越冬，在阿拉斯加繁殖，春季迁徙时经过中国东部地区，秋季可以从阿拉斯加的繁殖地飞越太平洋，直接返回越冬地。

除繁殖期外，斑尾塍鹬栖息于滨海滩涂及河口湿地，主要取食多毛类、双壳类、甲壳类及腹足类等底栖动物，也可以取食小型鱼类等水生生物。由于雌鸟比雄鸟的喙更长，通常能取食更多埋藏在滩涂深处的多毛类动物。通常随着滩涂上潮水的涨落在水线附近集群觅食，并经常与在滩涂上觅食的大滨鹬、红腹滨鹬等其他鸻鹬类混群活动。在潮间带滩涂被潮水淹没后，会利用附近水产养殖塘的塘埂、废弃的干塘等植被稀疏或无植被的地方作为高潮期的休息地。

斑尾塍鹬是长距离迁徙鸟类。在利用翅膀扇动来获得升力的鸟类中，东北亚亚种是已知的连续飞行距离和飞行时间最长的鸟类。秋季迁徙期可以连续飞行9天，从阿拉斯加的繁殖地直接飞到新西兰的越冬地，飞行距离超过1.1万千米。春季迁徙时，该

斑尾塍鹬群体

斑尾塍鹬个体

亚种可以在7天的时间从新西兰直接飞到中国黄渤海地区，飞行距离也超过1万千米。从3月下旬到5月上旬在黄渤海区域停留约1个月后，再经过6天6500千米的连续飞行，到达位于阿拉斯加的繁殖地。为保证长距离、长时间的连续飞行，在开始迁徙之前通过摄食积累大量能量，体重可以增加1倍。在鸭绿江口的研究表明，斑尾塍鹬春季迁徙期在该区域停留30天左右，在此期间雄性个体的体重可从220克增加到450克，雌性个体的体重可从250克增加到500克。

◆ **生活史特征**

斑尾塍鹬的繁殖期为 5 月下旬至 7 月。单配制，不同个体的巢相距较远，巢密度低于 1 巢 / 千米 ^{2}。巢多位于海拔较高的低矮草丛中，附近的植被颜色与斑尾塍鹬的体色非常接近。窝卵数为 4 枚，孵化期 3 周。雌雄亲鸟共同孵卵，孵卵时亲鸟常一动不动，其红褐色的体色和周围的植被完全融为一体，很难被发现。雏鸟由雌雄亲鸟共同抚育或仅由雄鸟照顾，约 28 天后初飞。亲鸟在幼鸟独立生活后首先飞往越冬地，而当年繁殖的幼鸟会在食物丰富的地方聚集成群，继续觅食、补充能量，然后飞往越冬地。

◆ **面临威胁**

斑尾塍鹬在越冬期和迁徙期依赖于滩涂湿地而生存。滨海滩涂的过度围垦和开发所导致的栖息地丧失和质量下降，给斑尾塍鹬的生存带来极大威胁。研究表明，中国黄渤海地区的滩涂围垦是斑尾塍鹬和其他迁徙鸻鹬类所面临的严峻考验，包括斑尾塍鹬在内的大部分迁徙鸻鹬类种群数量呈现明显下降的趋势。因此，亟待保护滩涂湿地这一鸻鹬类赖以生存的栖息地。

大滨鹬

大滨鹬是鸟纲鸻形目鹬科滨鹬属的一种。具迁徙性。

◆ **地理分布**

大滨鹬仅分布于亚太地区，繁殖于西伯利亚东北部的亚北极区域，迁徙时经过东亚的沿海地区。越冬地主要位于澳大利亚西北部。中国的鸭绿江口、双台子河口、唐山沿海、黄河三角洲以及长江口等区域是大滨鹬春季的重要迁徙停歇地。随着东南亚地区越冬大滨鹬数量逐渐增加，在泰国湾越冬的最大数量可达数千只，这可能与大滨鹬的越冬地北扩有关，但其原因尚不清楚。

◆ **形态特征**

大滨鹬是体形最大的滨鹬。体长约28厘米。上体总体上呈深灰色，背部羽毛黑色，边缘灰白色。颈部和胸部具浓密的黑斑，少数黑斑可延伸至胁部。腹部大部分白色。跗趾黑色。繁殖期肩羽和翼上覆羽具红色和黑色的斑。

大滨鹬

◆ **生物学习性**

大滨鹬在覆盖着地衣、石楠及草本植物的山地及丘陵地区营巢繁殖。迁徙期和越冬期仅分布于滨海地区，极少到内陆地区活动。多在沙质或泥质的河口和滨海滩涂湿地集群觅食，集群个体的数量可达数百甚至上千只。常与斑尾塍鹬、红腹滨鹬等其他鹬类一起混群活动。当滩涂被潮水淹没时，大滨鹬飞到觅食地附近的水产养殖塘塘埂、裸地、废弃地等人类活动干扰较少的区域集群休息。在中国辽宁丹东的鸭绿江口，每年4月底至5月初的迁徙高峰期可见到上万只的大滨鹬集群。

大滨鹬是长距离迁徙的鸟类。每年从3月中下旬开始至4月中旬，从澳大利亚西北部的越冬地开始集群迁徙。可连续飞行5000千米以上，飞越西太平洋直接抵达东亚地区。在中国,黄渤海区域的滩涂湿地是大滨鹬春季迁徙时的重要迁徙停歇地,每年从3月下旬到5月中旬,大滨鹬在黄海区域共停留约一个半月的时间,在此期间积累大量的能量然后飞往繁殖地。有研究表明,长江口等黄海南部区域是大滨鹬在春季迁徙时的临时休息地,它们在此仅做短暂停留,然后飞往鸭绿江口、双台子河口等黄海北部区域,摄取大量食物以积累能量,其体重在一个多月的时间里可以增加一倍。黄海北部区域是大滨鹬的关键能量补给地。秋季迁徙期,大部分成年个体在8月中旬前后从俄罗斯的鄂霍次克海沿岸出发直接飞到越冬地,也有少部分成年个体和部分当年繁殖的个体在黄海区域停歇。成鸟在8月末到9月初到达越冬地,当年繁殖的个体在10月前后到达。

大滨鹬在繁殖地主要取食植物的浆果和种子以及昆虫、蜘蛛等节肢动物。在迁徙停歇地和越冬地,主要以软质滩涂上的底栖动物为食,特别喜食双壳类;此外,还取食腹足类、甲壳类以及多毛类动物。主要依靠触觉寻找食物,因此在白天和晚上均可觅食。

◆ 生活史特征

大滨鹬的婚配制度为单配偶制。每年5月下旬至6月下旬产卵,窝卵数为4枚。雌雄个体均参与孵卵,孵卵期21天。雏鸟出壳后雌鸟便离开,雄鸟单独照顾雏鸟。雏鸟20~25天离巢,离巢后很快便可独立活动。

◆ 面临威胁

随着东亚沿海地区的滩涂湿地受过度围垦开发、污染、外来植物互花米草入侵等因素的影响，滩涂湿地面积减少，质量下降，这些已对大滨鹬的生存带来了巨大威胁。

◆ **保护措施**

2010 年，世界自然保护联盟（IUCN）将大滨鹬列为易危（VU）等级的受胁鸟类；2015 年，又将其升级为濒危（EN）等级的受胁鸟类。中国于 2021 年修订的《国家重点保护野生动物名录》将大滨鹬增补为国家二级保护野生动物。

针尾沙锥

针尾沙锥是鸟纲鸻形目鹬科沙锥属的一种。具迁徙性。

◆ **地理分布**

针尾沙锥在欧亚大陆的北部繁殖，越冬于南亚、东南亚以及中国南部，迁徙时经过中国大部分地区。

◆ **形态特征**

针尾沙锥敦实而腿短，中等体形，体长约 26 厘米。嘴细长而直，尖端

飞翔的针尾沙锥

针尾沙锥

弯曲。头顶呈褐色，中央和两侧各有一条棕白色纵纹。后颈和背部呈红棕色且有黄棕色斑纹。喉和胸部呈黄棕白色，颏、腹等呈白色。尾羽 24 ～ 28 枚，多为 26 枚，外侧 8 对特别窄而硬，宽度不超过 2 毫米，为主要特征。

◆ 生物学习性

针尾沙锥在非繁殖期常结成小群，栖息于沼泽、稻田、草地、苇蒲丛等多种生境类型。嘴坚硬，常插在泥中摄取食物。以昆虫、环节动物和甲壳动物为食。常见于水稻田，特别在收割后的水稻田经常出没。羽色与杂草相混，不易被发现，有时从行人脚边突然飞起。

繁殖期雄鸟飞翔于高空，忽然急剧下降，其尾羽发出"沙沙"声音。在芦苇、草类密生的湿地、沼泽附近的干燥地带、稻田中或田埂上都可筑巢。巢呈碗形，内垫有细根和草茎等。

◆ 生活史特征

针尾沙锥窝卵数 4 枚。卵梨形，外表光滑，无光泽，呈灰黄色且有斑点。

鹤形目

丹顶鹤

丹顶鹤是鸟纲鹤形目鹤科鹤属的一种。又称仙鹤。

◆ 地理分布

丹顶鹤分布于中国、日本、韩国、朝鲜、蒙古、俄罗斯。常成对或成家族群和小群活动，在迁徙季节和冬季，常由数个或数十个家族群结成较大的群体。丹顶鹤繁殖地主要集中在俄罗斯远东地区、日本北海道、中国黑龙江和乌苏里江流域；越

展翅的丹顶鹤

冬主要位于中国江苏、上海、山东等地的沿海滩涂，长江中、下游地区，以及日本、朝鲜。

◆ 形态特征

丹顶鹤颈、脚较长。体长 120 ～ 160 厘米，翼展 240 厘米，体重约 10 千克。雌雄羽毛相似，全身几乎纯白色，头顶鲜红色，喉和颈黑色，特征极明显，极易识别。幼鸟头、颈棕褐色，体羽白色或缀栗色。

◆ 生物学习性

丹顶鹤栖息于开阔平原、沼泽、湖泊、草地、海边滩涂、芦苇、沼泽及河岸沼泽地带，有时也出现于农田和耕地中，尤其是迁徙季节和冬季。食性较杂，主要有鱼、虾、水生昆虫、软体动物、蝌蚪、沙蚕、蛤蜊、钉螺，以及水生植物的茎、叶、块根、球茎和果实等。

◆ 种群数量

全世界的丹顶鹤总数至 2010 年仅有 1500 只左右，其中在中国境内越冬的有 1000 只左右。2020 年估计，全球丹顶鹤野外种群数量约 3800 只。

◆ **保护措施**

丹顶鹤被《世界自然保护联盟濒危物种红色名录》列为易危（VU）等级。

丹顶鹤在中国历史上被公认为文禽，象征幸福、吉祥、长寿和忠贞，古人赋予了丹顶鹤忠贞清正、品德高尚的文化内涵，称其为仙鹤，被评为中国的国鸟，也是国家一级保护野生动物。中国已经建立了多个丹顶鹤自然保护区，其中，黑龙江扎龙自然保护区和江苏盐城自然保护区是中国研究保护丹顶鹤的主要基地。为实施有效的保护措施，应在繁殖地增设保护区，以减少当地农业、水利对丹顶鹤栖息环境的干扰，同时严格管控周边区域的工农业污染。

第2章

昆虫类

直翅目

亚洲飞蝗

亚洲飞蝗是昆虫纲直翅目斑翅蝗科飞蝗属的一种。具迁徙性。

◆ **地理分布**

亚洲飞蝗主要分布于亚洲和欧洲。在中国主要分布在新疆、内蒙古、青海、甘肃等地，其分布区海拔高度一般在 200 ～ 1000 米，最高达 2500 米，最低达 -154 米（新疆吐鲁番的艾丁湖湖畔）。

◆ **形态特征**

亚洲飞蝗卵粒黄褐色，长 7 ～ 8 毫米，卵粒外壳有小突起，其间隔有细线相连。蝗蝻共 5 龄。

1 龄蝗蝻体黑褐色，无光泽，头较大，前胸背板背面具黑色纵纹，背板镶有狭波状的黄色边缘，中胸及后胸背板微凸。

2 龄体蝗蝻黑褐色，发现蝗蝻蜕皮，开始有光泽，前胸背板两条黑丝绒纹明显。前胸背板无黑绒纵纹，翅芽较明显，顶端指向下方。

3 龄蝗蝻体色同前，体长有 1 厘米。翅芽明显指向下方，淡褐色，头较大，呈金黄色，也有呈黄绿色，体节明显。

4龄蝗蝻前胸背板两条黑丝绒纹大而明显，体色呈灰褐色、灰绿色、土黄色。前翅芽狭短，后翅芽三角形，皆向上翻折，后翅芽在外，且盖住前翅芽，翅芽端部皆指向后方，其长度可达腹部第三节。

5龄蝗蝻体金黄色、灰绿色、土黄色，翅芽较前胸背板长或等长，翅芽长度可到达腹部第四、第五节。

亚洲飞蝗成虫的体形较大，雄成虫体长36.1～46.4毫米，雌成虫体长43.8～56.5毫米。颜面垂直，颜面隆起宽平，头顶宽短，与颜面形成圆形。头侧窝消失。触角丝状，细长。前胸背板前端较狭，后端较宽，中隆线发达，侧观呈弧形隆起（散居型）或较平直（群居型）；后横沟几位于背板中部；前缘呈钝角形或弧形。

根据形态和习性，亚洲飞蝗主要分为散居型、群居型和中间型3种变型。散居型前胸背板后缘直角形或锐角形，中隆线由侧面看呈弧形隆起；体多绿色，后足胫节多红到淡红色。群居型前胸背板后缘钝角形，几圆，中隆线由侧面看平直或中部微凹；体多黑褐色，后足胫节淡黄或略带红色。中间型形态特征介于散居型和群居型两者之间。

◆ **生物学习性**

亚洲飞蝗主要以禾本科和莎草科的作物为食，喜食芦苇、稗、玉米、小麦等，多发生在生长芦苇的沼泽地带。亚洲飞蝗是重要农牧业害虫，也是历史性害虫，常聚集、迁飞为害。从20世纪末至21世纪初期，亚洲飞蝗为害呈现上升趋势。

亚洲飞蝗的适生环境为土壤含盐量低、pH为7.5～8.0的湖滨滩地。

在适宜飞蝗发生的气候、水文、土质、地形、植被等因子综合作用下，形成了各种蝗区。

◆ **生活史特征**

在新疆博斯腾湖蝗区和北疆准噶尔盆地边缘蝗区的亚洲飞蝗每年发生1代，哈密、吐鲁番盆地每年发生2代。亚洲飞蝗蝗卵孵化期，随年份和地点等环境条件的变化而有较大差异。

亚洲飞蝗的繁殖力强，一头雌虫一生可产卵300～400粒。种群数量增长很快，因此易暴发成灾。亚洲飞蝗成虫具有远距离迁飞的习性，能跨地区乃至跨国迁飞扩散，导致其扩散区当年或次年飞蝗灾害的暴发。

◆ **发生与环境关系**

亚洲飞蝗的发生和为害常与以下因素有关：①温湿度。亚洲飞蝗越冬卵发育起点温度为14.7℃，蝗蝻发育起点温度为17.7℃，在24～36℃的恒温条件下，蝗卵孵化需要8.4～18.5天；在24～34.5℃恒温条件下，蝗蝻羽化为成虫需要22.85～59.79天，且均随温度升高，有发育历期缩短的趋势。②天敌。蜥蜴、芫菁、蜘蛛、鸟类等捕食性天敌通过捕食虫蝻和成虫降低虫口数量，寄生蜂和寄生蝇通过将卵产在寄主体内消耗寄主能量从而杀灭东亚飞蝗来降低虫口数量。

◆ **防治措施**

防治亚洲飞蝗，必须依据种群密度、发生环境的特点，因地、因时制宜地确定防治时期、防治方法。

化学防治

应用化学药剂防治亚洲飞蝗暴发是有效的方法之一。由于亚洲飞蝗具有远距离迁飞特性，在草原地区防治主要采用化学防治方法，其优点是操作方法简便、防治成本低、防治效率高等。喷药方法包括背负式喷雾器喷药法、大型机械喷药法和飞机喷药法，应当根据当地实际情况选择合适的施药方法。一般情况下，在防治人员多、劳动力成本低、虫害面积小、地形复杂、难以实施大型机械喷药和飞机喷药时，应选择背负式喷雾器喷药法；在灌丛草原地带以及虫害发生面积较大、植被低矮、地势平坦的草原地带，应当选择大型机械喷药法；在虫害发生面积很大、灾情较重，地势相对平坦，植被较高、围栏较密的地区，应当选择飞机喷药法。常用药剂有高效氯氰菊酯、高效溴氰菊酯等。

生物防治

绿僵菌真菌生物制剂、蝗虫专性寄生原生动物微孢子虫均可用于亚洲飞蝗的防治。在新疆蝗区使用绿僵菌防治飞蝗，第7天以后，死亡数逐渐上升，到15天后防效达83%以上。

生态治理

牧鸡牧鸭灭蝗是指人工培育鸡、鸭，通过科学调训将其用于亚洲飞蝗防治的方法。草原牧鸡牧鸭灭蝗不仅能增加农牧民收入，同时保护了草原，具有长期生态效益。另外，在蝗区人工修筑鸟巢和乱石堆，创造粉红椋鸟栖息产卵的场所，招引粉红椋鸟育雏，捕食蝗虫，控制蝗害效果明显。

鳞翅目

斑　蝶

昆虫纲鳞翅目斑蝶科物种的统称。

该科已知 150 种，主要分布在热带。中国约有 32 种。

斑蝶科有中型或大型美丽的种类，常为其他科蝴蝶模仿的对象。一般为黄色、红色、黑色、灰色或白色，有的有闪光。头大，触角细。前足退化，折叠在胸下，无爪。翅的外缘圆形或波状，中室长而封闭。前翅径脉 5 条；后翅肩脉发达，无尾突。雄蝶前翅肘脉上或后翅臀区有香鳞。卵炮弹形或椭圆形，直立。幼虫体上多皱纹，胸部和腹部各有 1 ～ 2 对长线状突起，能散发臭气以御敌。蛹为垂蛹，体上有金色或银色斑点。寄主为萝摩科、夹竹桃等。

该科包括著名的迁飞昆虫——君主斑蝶，这种美丽蝴蝶的北方种群要迁飞大约 3200 千米的距离。它们的生活地在加拿大及美国北部，而越冬场所则在美国南部的加利福尼亚与墨西哥。黑脉金斑蝶的成虫在 6 月份开始从北方向南方迁移，到 7 月份则大量迁飞，到处可见。它们只在白天迁飞，在路上取食，一般飞行不是很高，但保持向南的方向。标记与再捕试验已证明，这种蝴蝶有规律地在 1900 千米的飞行线路上飞行，仅用几天的时间，平均速度达每天 130 千米。一只蝴蝶的最长飞行纪录是在 130 天的时间里飞行 3000 千米的路程。

黏　虫

黏虫是昆虫纲鳞翅目夜蛾科黏虫属的一种。又称蚜蚄、剃枝虫、行军虫、夜盗虫、五色虫等。作物害虫。

◆ 地理分布

黏虫主要分布于亚洲各国以及澳大利亚和新西兰。在中国，除新疆外，其他地区均有分布。

◆ 形态特征

黏虫的成虫体长 17 ～ 20 毫米，翅展 36 ～ 45 毫米。体淡黄褐至灰褐色，有的个体稍显红色，也有黑色变异个体。雌雄触角均为线状。前翅前缘和外缘颜色较深，内线不甚明显，常呈现数个小黑点。环形纹圆形黄褐色，肾纹及亚肾纹淡黄色。在中室下角处常有一小白点，其两侧各有一小黑点。外线亦为一条不很连接的小黑点，亚端线从翅尖向内斜伸，在翅尖后方和外缘附近呈一灰褐色三角形暗影，端线由一列黑色小点所组成。后翅暗褐色，基区色较浅。缘毛黄白色。反面灰白褐色，前缘及外缘色略深。前缘基部有针刺状翅缰与前翅相连，雌蛾翅缰 3 根，均较细；雄蛾只有 1 根，较粗壮，这是区别雌雄性别的重要特征之一。

黏虫的卵为馒头形，稍带光泽，直径 0.5 毫米左右，表面有六角形的网状纹。初产时白色，渐变为黄色至褐色，将孵化前变为黑色。成虫产卵时，分泌胶质将卵粒黏结在植物叶上，排列成 2 ～ 4 行，有时重叠，形成卵块。每卵块含有 10 ～ 100 余粒，大的卵块可超过 300 粒。

黏虫的幼虫有 6 龄。进入 4 龄后，幼虫体色会出现随密度变化而产生的黑化现象：幼虫密度较高时，多呈黑色或灰黑色。反之，呈淡黄褐或淡黄绿色。黑化幼虫头部为黄褐色至红褐色，头壳有暗褐色网状花纹，沿蜕裂线各有 1 条黑褐色纵纹，略似"八"字形花纹。体背有 5 条纵线，背线白色、较细，两侧各有 2 条黄褐色至黑色、上下镶有灰白色细线的宽带。幼虫老熟后依然保留着 6 龄幼虫的形态和行为特征，但虫体会比 6 龄初的幼虫明显增大，老熟后便停止取食并排净粪便，然后在寄主根际附近深 1 ～ 3 厘米表土中结茧化蛹。

黏虫的蛹体长 19 ～ 23 毫米，红褐色，腹部第五、第六、第七节背面近前缘处有横列的马蹄形刻点，中央刻点大而密，两侧渐稀，尾端具 1 对粗大的刺，刺的两旁各生有短而弯曲的细刺两对。雌蛹和雄蛹生殖孔分别位于腹部第八和第九节。成虫体长约 20 毫米，翅展 36 ～ 45 毫米，黄褐色至淡灰褐色，也有黑化个体。前翅中部有 2 个不规则的淡黄色圆斑和 1 个小白点，顶角有向后缘方向斜伸的黑色斑纹。卵半球形，直径约 0.5 毫米。幼虫共有 6 龄，有时也会有 7 龄，老熟幼虫体长约 38 毫米，体色多变。蛹长约 20 毫米，初始乳黄色，近羽化时变黑。

◆ **生物学习性**

黏虫主要为害玉米、麦类、水稻、谷子、高粱等粮食作物，苜蓿、黑麦草、苏丹草、鸭茅等牧草，以及紫云英、苕子等绿肥植物。大发生时也取食棉花、豆类、白菜、甜菜、甘蔗等作物。幼虫取食叶片、嫩茎和嫩穗实等，并可群体迁移为害，严重时可将叶片一扫而光，导致颗粒无收。

◆ **生活史特征**

黏虫全年发生世代数及发生时期因地而异，由南向北和由低海拔向高海拔地区递减和延迟。中国东半部（东经 110°以东）、北纬 27°以南地区年发生 6 ～ 8 代；北纬 27°～ 33°地区年发生 5 ～ 6 代；北纬

33°～36°地区年发生 4～5 代；北纬 36°～39°地区，年发生 3～4
代；北纬 39°以北地区年生 2～3 代。中国西半部地区除高寒山区外
年发生 2～3 代。各虫态历期和完成 1 世代所需时间，因气候和营养等
因素影响而异。一般卵 3～6 天，幼虫 18～29 天，蛹 12～17 天，成
虫寿命 11～14 天。

黏虫在中国越冬北界大致为 1 月份 0℃等温线（接近北纬 33°线）。
北纬 27°（1 月份 8℃等温线）以南地区，可终年繁殖。成虫具迁飞习性，
在中国每年有 4 次大的迁飞为害活动：3～4 月间迁至江淮一带，5～6
月间迁至东北、西北和西南等地，7 月中、下旬到 8 月上旬迁至华北、
东北、华东、中南等地，8 月下旬到 9 月间又迁至华中、中南、华南等地。
成虫迁飞过程中，也有一部分群体仍留在原发生区或迁飞过境地区进行
繁殖，一般因虫量较少，环境条件也多不适，不致造成危害。

◆ **发生与环境关系**

温湿度可影响黏虫的生长发育和种群数量，成虫产卵适温为
15～30℃，最适温度区间为 19～21℃。产卵量随湿度增高而增加，
但饱和湿度不利产卵，高温低湿环境可使产卵受抑制。幼虫喜湿，相对
湿度低于 50% 时低龄幼虫因发育不良而死亡。在雨水协调、气候湿润
年份黏虫发生严重，干热年份发生较轻。暴风雨可使低龄幼虫数量明显
下降。作物栽培制度和水肥等条件，也是影响黏虫发生与为害的重要因
素。如麦类与玉米（高粱、粟等）套种，可使 2 代黏虫的为害加重。水
肥条件改善、作物长势茂密和农田相对湿度增高，可导致黏虫发生范围
扩大。

◆ **预测预报**

异地测报技术是黏虫中长期预警的重要手段，以迁出地虫源数量，结合迁飞路线、作物布局和气象等因素预测下一迁飞世代的发生地和发生量。短期测报可根据当地的虫情调查，结合作物长势和气象等因素做出发生期与发生量预测。

◆ **防治措施**

黏虫在卵期可用谷草把诱杀，在成虫期可利用性诱剂、诱蛾器和灯光（高空灯和黑光灯）进行监测和防治。低龄幼虫可施用灭幼脲等生长调节剂防治。中耕除草等农业措施可有效抑制黏虫产卵为害。蛙、鸟、蜘蛛、蝙蝠、寄生和捕食性昆虫、螨类、线虫、寄生菌等天敌，对黏虫发生有抑制作用。

甜菜夜蛾

甜菜夜蛾是昆虫纲鳞翅目夜蛾科灰翅夜蛾属的一种。蔬菜害虫。又称贪夜蛾、玉米叶夜蛾、白菜褐夜蛾。

◆ **地理分布**

甜菜夜蛾在亚洲、北美洲、欧洲、非洲及澳大利亚皆有分布。在中国除西藏鲜有报道外，其余地区均有发生，以长江流域和淮河流域为害最为严重。

◆ **形态特征**

甜菜夜蛾成虫体长 8 ～ 10 毫米。翅展 19 ～ 25 毫米，灰褐色。前翅中央近前缘外方有肾形纹 1 个，内方有环形纹 1 个，均为土红色。卵圆馒头状，直径 0.2～0.3 毫米，白色，1～3 层排列，卵块外覆白色绒毛。老熟幼虫体长约 22 毫米，体色变化大，有绿色、暗绿色、黄褐色、褐色至黑褐色；腹部气门下线为明显的黄白色纵带，有时带粉红色，末端直达腹末，不弯到臀足上。蛹长约 10 毫米，黄褐色，臀棘上有刚毛 2 根，腹面基部也有极短刚毛 2 根。

◆ **生物学习性**

甜菜夜蛾的寄主植物涉及 35 科 108 属 170 多种，主要包括十字花科、豆科、葫芦科、茄科、百合科、苋科、藜科、伞形花科等蔬菜作物，以及玉米、烟草、甜菜、棉花、甘薯、亚麻、芝麻、康乃馨等大田作物及花卉。甜菜夜蛾以幼虫取食寄主的叶、花、茎及果实等，造成"开天窗"、孔洞、缺刻等症状，对蔬菜为害轻者损失 5%～10%，重者减产 20%～40%，甚至造成绝产。

◆ **生活史特征**

甜菜夜蛾发生世代数随纬度的升高而递减，在中国年发生最多 11 代，最少 3 代，盛发期大多在 7～10 月。甜菜夜蛾具迁徙性，在中国的越冬区域以蛹在土表下蛹室内越冬，其南界位于北回归线附近，北界位于长江流域。成虫昼伏夜出，趋光性强。卵块产，多产于寄主叶片背面或田间杂草上。幼虫共 5 龄，初孵幼虫群集叶背啃食；2 龄在叶内吐丝结网，取食成透明小孔；3 龄渐分散；4 龄后食量大增，为害寄主叶片、嫩茎呈孔洞、缺刻状，严重时为网状，造成无头菜，此外，尚可钻蛀青椒、番茄、茄子、豆荚等果实，致使果实腐烂与脱落。大龄幼虫有假死性，受惊扰即落地。老熟幼虫入土吐丝筑土室化蛹。

◆ **发生与环境关系**

甜菜夜蛾的发生和为害常与以下因素有关：①温湿度。发育最适温度为26～29℃，最适相对湿度为70%～80%。高温有利于甜菜夜蛾发生，降水量大的年份甜菜夜蛾发生量少，凡是该年入梅早、夏季炎热少雨，秋季甜菜夜蛾的发生较重。②寄主植物。甜菜夜蛾对不同寄主为害程度不同，在十字花科蔬菜甘蓝、花椰菜、大白菜上发生较重，其次为葱、芦笋、苋菜、豇豆、萝卜、茄子、番茄、辣椒、甘薯等。③天敌昆虫。中国已报道甜菜夜蛾的寄生蜂共有33种，对卵、幼虫和蛹有良好的抑制效果。主要有寄生性天敌碧岭赤眼蜂、拟澳洲赤眼蜂、台湾甲腹茧蜂等；捕食性天敌有叉角厉蝽、星豹蛛等25种；微生物天敌主要包括金龟子绿僵菌和球孢白僵菌等病原真菌、苏云金杆菌等病原细菌、核多角体病毒和颗粒体病毒等侵染性病毒，以及地老虎、六索线虫等9种病原虫。④抗药性。甜菜夜蛾是蔬菜主要抗药性害虫之一。据监测，甜菜夜蛾已对大多数农药产生不同程度的抗药性，其中对高效氯氰菊酯、毒死蜱等已处于高抗乃至极高抗水平，对甲维盐、甲氧虫酰肼、氟啶脲等抗性表现为中等至高抗水平，对虫酰肼、多杀菌素、茚虫威表现出中等抗性水平。

◆ **防治措施**

主要有以下防治措施：①利用甜菜夜蛾性诱剂、虫情测报灯监测田间成虫发生动态，预测下代幼虫发生期及发生量，确定防治适期。如发现害虫数量达到防治指标，即进行药剂防治。②合理安排农作物及蔬菜布局，减少嗜好作物单一大面积种植。③选择间作套种或轮作模式，如菜－稻水旱轮作，避免十字花科蔬菜的连作，在为害高峰期种植非寄主蔬菜等。④及时清除菜田的残枝落叶及杂草，集中深埋或沤肥，减少产卵场所，降低虫源。⑤及时中耕与合理浇灌，适时浇水，破坏其化蛹场所；在产卵高峰期至孵化初期，人工摘除卵块及低龄聚集幼虫。使用防虫网、地膜或塑料薄膜进行保护地栽培。⑥利用频振式杀虫灯或黑光灯诱杀成虫。⑦在发生初期，悬挂干式诱捕器进行田间防治，选择甜菜夜蛾核型多角体病毒田间喷雾防治；于卵孵化高峰至幼虫低龄期，选择氯虫苯甲酰胺、氟虫双酰胺、甲氨基阿维菌素苯甲酸盐、虫螨腈、甲氧虫酰肼、茚虫威、氟啶脲等农药进行喷雾防治。

同翅目

螺旋粉虱

螺旋粉虱是昆虫纲半翅目粉虱科复孔粉虱属的一种。

◆ **地理分布**

螺旋粉虱广泛分布于亚洲、非洲、美洲、大洋洲等地区的 50 多个国家。

◆ **形态特征**

螺旋粉虱的卵散产，一端有一细柄，插入叶面组织中；长椭圆形，淡黄色，表面光滑，多覆盖有白色蜡粉。

螺旋粉虱 1 龄若虫的触角 2 节，足 3 节。初孵若虫虫体透明，扁平状，随虫体发育逐渐变为半透明至淡黄色或黄色。背面隆起、体背分泌少量絮状蜡粉。复眼红色。足发达，可爬行。

螺旋粉虱2龄若虫椭圆形，扁平，半透明至淡黄色，有时具鲜黄色区域。足、触角开始退化，分节不明显，除体侧白色蜡带外，体背上具少许絮状蜡粉，体两侧具玻璃状细蜡丝，但较短。

螺旋粉虱3龄若虫椭圆形，扁平。足、触角进一步退化。总体上与2龄若虫形态相近，但体较大。体背的絮状蜡粉稍多，体侧玻璃状细蜡丝稍长。

螺旋粉虱4龄若虫（拟蛹）近卵形，淡黄色或黄色。背面隆起，足、触角和复眼完全退化。拟蛹壳头胸区亚中央具2～3对短而细的刚毛，成熟的蛹在背面具大量向上和向外分泌的白色絮状物。背面具5对复孔，头胸部1对，腹部第3～6节各1对。从复合孔中分泌出5对玻璃状的细蜡丝，是体宽的3～4倍。体四周还有一条纹状带状，白色半透明，从亚腹缘向叶面分泌。背面几乎平直。

螺旋粉虱未成熟的蛹腹面平直，但老熟的蛹腹面鼓起。成虫羽化后，拟蛹壳背中线留有一羽化孔。成虫体长（不包括雄性体末的抱握器）1.57～2.59毫米。初羽化的成虫浅黄色，半透明。腹部两侧具蜡粉分泌器，可不断分泌蜡粉，涂抹到翅及身体的表面。前翅宽大，通常略短于体长（个别可长于体长）。复眼呈哑铃形，中间常由3个小眼相连。触角7节。雄性腹部末端有一对铗状交尾握器，可达体长的1/5。

◆ **生物学习性**

螺旋粉虱寄主种类繁多，已经报道的寄主种类达700多种，嗜好寄主主要有印度紫檀、榄仁树、紫荆花、番石榴、番木瓜、番荔枝、香蕉、木薯、四季豆、圣诞红、飞扬草、美人蕉、茄子、野甘草等。

螺旋粉虱是为害果树、蔬菜、观赏植物、行道树及经济林木等的一种重要害虫。主要栖息于寄主植物的叶片背面进行取食，但发生严重时在叶面、果实、花以及茎秆聚集有大量虫口。该虫以若虫和成虫吸食植株汁液，使叶片萎凋、干枯，果实发育不良及畸形，严重时致使叶片干枯、脱落，并导致植株死亡。该虫为害时分泌蜜露滴黏于植株表面，可诱发煤烟病，影响果实外观造成质量下降，诱发的煤烟病还阻碍叶片光合、呼吸及散热功能，促使枝叶老化及落叶。螺旋粉虱所分泌的蜡粉通常会引起人们身体不适。

◆ 生活史特征

螺旋粉虱世代发育经历卵、1 至 4 龄若虫及成虫 6 个阶段。在 26 ～ 31℃ 室温条件下完成 1 个世代需 23 ～ 28 天，其中卵期 7 ～ 8 天，1 龄若虫、2 龄若虫、3 龄若虫、4 龄若虫发育历期分别为 4 ～ 7 天、2 ～ 6 天、3 ～ 6 天和 6 ～ 10 天。在中国海南 1 年可发生 8 ～ 9 代，世代重叠，无明显越冬虫态。成虫寿命最长可存活 39 天。

螺旋粉虱可进行孤雌生殖和两性生殖。成虫羽化 5 ～ 8 小时后即可交配，交尾多发生于下午，雄虫先开展双翅并快速上下拍动以吸引雌虫接近，继而交尾。雌雄个体一生均可发生多次交配。雌虫卵巢内卵的成熟度与日龄有关，至第三日龄后雌虫开始陆续由原寄主植物处向上盘旋迁飞，以寻找新寄主植物产卵。成虫产卵量最高达 433 粒 / 雌。成虫产卵时，边产卵边移动并分泌蜡粉，典型的产卵轨迹为螺旋状。

成虫对黄绿色(近似波长为505纳米)趋性明显。雄虫较雌虫早羽化,羽化盛期在早上6～8点。成虫羽化当天不活动;之后,活动具有明显的规律性。成虫晴天多集中在上午迁飞,7～9点为明显的活动高峰;但气温低或阴天其活动时刻延后且减少,雨天不活动。

螺旋粉虱种群的发生与温、湿度等环境因子关系密切。24～30℃时,种群增长较快,高温和低温不利于其生长发育;阴雨天气不利螺旋粉虱种群的发生,强降雨时各龄虫受雨水直接冲刷,连续降雨可显著降低其种群数量,且高湿条件易使螺旋粉虱染病致死。

螺旋粉虱的成虫通过短距离飞翔迁移,亦可借风或气流漂浮而迁移。远距离传播主要通过寄主植株的调运(如发生地区的种植材料、切花、蔬菜和水果等鲜活产品),也可随交通工具及其他动物进行传播。

◆ **监测检测技术**

对螺旋粉虱采用直接观察法或黄绿色粘板(色彩虚拟波长为505纳米)诱捕法进行监测调查。采用黄绿板诱捕法监测时,每个地块或街区悬挂规格为15厘米×20厘米的黄绿色粘板10片,间隔10米左右挂板1个,挂板植株不高于3米,挂板高度为距地面1.2米,挂板诱捕持续时间为24小时。监测点的植物(作物)应是印度紫檀、大叶榄仁、美人蕉、紫荆花、圣诞红、番石榴、番荔枝、番木瓜、木薯、四季豆、辣椒或茄子等螺旋粉虱嗜好寄主。

◆ **防治措施**

对螺旋粉虱的防治主要采取以下5种措施:①检疫。从螺旋粉虱发生区运往非疫区的番荔枝、番木瓜等寄主植物苗木、果蔬、花卉等鲜活产品应经过严格检疫,发现有螺旋粉虱发生与危害的苗木及鲜活产品等应禁止其调出或经过检疫处理后方可调出。②农业防治。修剪植物分枝,使植物呈"伞"形,具有透光、通风及雨水进入的通道。及时清除田间杂草、枯枝落叶、垃圾,减少螺旋粉虱适宜生存和扩散的环境。③物理防治。在苗圃地、菜地、果园等区域悬挂黄绿色板诱杀成虫。④药剂防治。选用溴氰菊酯、高效氯氟氰菊酯、联苯菊酯、啶虫脒、毒死蜱、噻嗪酮等农药进行喷雾防治,虫口密度大、蜡粉多时按制剂量的1%比例在药液中添加有机硅助剂。施药应于上午9点以后螺旋粉虱成虫活动不活跃时进行。施药7～10天后检查虫情,如发现虫口残留,应进行第2次施药。注意不同类型药剂轮换使用。⑤生物防治。人工释放或助迁寄生性天敌哥德恩蚜小蜂、捕食性天敌草蛉和瓢虫等;在天敌数量较丰富时应减少使用化学药剂或选用啶虫脒微乳剂、噻嗪酮可湿性粉剂等中低毒药剂,或采用内吸性防治药剂进行树体注射施药。

白背飞虱

白背飞虱是昆虫纲半翅目飞虱科白背飞虱属的一种。

◆ 地理分布

白背飞虱在中国除新疆未明外,其他各地均有分布。国际上分布于蒙古国、韩国、日本、尼泊尔、巴基斯坦、沙特阿拉伯、印度、斯里兰卡、泰国、越南、菲律宾、印度尼西亚、马来西亚、斐济、密克罗尼西亚联邦、瓦努阿图及澳大利亚(昆士兰和北部地区)。

◆ **形态特征**

白背飞虱长翅型成虫体连翅长：雄性 3.3 ～ 4.0 毫米，雌性 4.0 ～ 4.5 毫米；体长：雄性 2.0 ～ 2.2 毫米，雌性 2.8 ～ 3.1 毫米；翅长：雄性 2.9 ～ 3.1 毫米，雌性 3.0 ～ 3.4 毫米。白背飞虱短翅型成虫体长：雄性 2.7 ～ 3.0 毫米，雌性 3.5 毫米。

白背飞虱头顶、前胸和中胸背板中域黄白色或姜黄色，前胸背板复眼下方有 1 个暗褐色斑，中胸背板侧区黑或淡黑色。雄虫头顶端半两侧脊间、额、颊和唇基黑色，雌虫灰黄褐色；触角淡褐色。雄虫胸部腹面及腹部大部分黑褐色，雌虫灰黄褐色，仅中胸腹板及腹部背面有黑褐色斑。各足除基节外

a 背面观　　b 侧面观

白背飞虱成虫

均为污黄色。前翅淡黄褐几透明，翅端或具烟污色晕斑，翅斑黑褐色。短翅型体色同长翅型。

白背飞虱的卵呈香蕉形，长 0.8 毫米，宽 0.2 毫米。初产时乳白色，后变黄色，并出现红色眼点，将孵化时眼点变为红褐色。卵帽高大于底宽，而端部渐细，卵块排列成行，每行有几粒至 20 多粒，产卵痕不外露或稍露出尖端。

白背飞虱的若虫共5龄,有深浅2种色型。1龄若虫长1.1毫米,灰褐或灰白色,无翅芽,腹背有清晰的"丰"字形浅色斑纹。2龄若虫体长1.3毫米,灰褐或淡灰色,无翅芽,腹部背面中央也有一灰色"丰"字形斑纹。3龄若虫长1.7毫米,灰黑与乳白相嵌,胸部背面有灰黑色不规则斑纹,边缘清晰,翅芽明显。4龄若虫体长2.2毫米,前后翅芽长度近相等,斑纹清晰。5龄若虫长2.9毫米,前翅芽超过后翅芽的端部。

◆ **生物学习性**

白背飞虱在中国的越冬北界在暖冬年份为北纬26°左右。每年春夏季发生初始虫源主要来自中南半岛,随西南季风于3月中下旬迁入中国珠江流域,为害早稻,此后由南向北依次推进,4月上中旬迁至南岭地区,4月中下旬到达北纬29°左右,5月下旬可越过北纬30°,5月下旬至6月中旬中国南部早稻成熟时开始有虫源迁出,6月下旬到7月初南岭地区早稻成熟时虫源可迁至华北和东北地区,8月下旬之后,北方稻区迁出虫源在东北气流影响下向南回迁,对南方双季晚稻有一定影响。

◆ **生活史特征**

白背飞虱在中国南岭以南1年发生7～11代,广东东部和福建1年发生6～8代,长江中下游年发生4代,黄河流域3～4代,东北地区1～3代,各地从始见虫源到主要为害一般历时50～60天。

◆ **危害**

白背飞虱以水稻为寄主植物,是为害水稻的迁飞性害虫,是中国农业生产上的大害虫,主要以刺吸和产卵为害,不传播植物病毒病。各地主迁峰的虫量是决定白背飞虱能否大发生的关键因素,其发生程度除取决于虫源基数外，还与气候、水稻品种和生育期、栽培管理技术及田间天敌有关。发生量适宜温度为 22 ～ 28℃，相对湿度为 80% ～ 90%，温度超过 30℃ 或低于 20℃，对成虫产卵和若虫成活均不利。成虫迁入期雨日多，有利降虫、产卵和若虫孵化，高龄若虫期在天旱时可加重为害。水稻收割时，白背飞虱常大量向田边扩散，暂栖于各种杂草上，这些杂草被称为"暂栖植物"或"暂栖寄主"，不是真正的寄主植物。

黑尾叶蝉

黑尾叶蝉是昆虫纲半翅目叶蝉科黑尾叶蝉属的一种。俗称水稻黑尾叶蝉。

◆ 地理分布

黑尾叶蝉在全世界分布于东洋区（东南亚的陆地动物地理分区，包括秦岭以南的亚洲、印度半岛、中南半岛、马来群岛等地区）、古北区（包括欧洲和亚洲北部、非洲北部）、非洲区。在中国，主要分布于长江中上游和西南地区，尤以浙江、江西、湖南、安徽、江苏、上海、福建、湖北、四川、贵州等地发生较多。

◆ 形态特征

黑尾叶蝉成虫。头冠黄绿色，两复眼间沿前缘横凹沟处有一条黑横

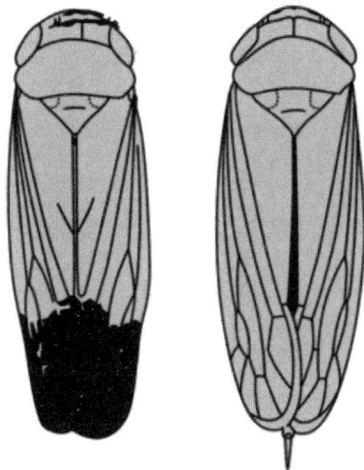

a 雄虫整体背观　b 雌虫整体背面观
黑尾叶蝉

带，横带后方的正中线黑色、极细。复眼黑褐色，单眼黄绿色。雄虫额唇基区为黑色，内有小黄点，前唇基及颊区为淡黄绿色，前唇基基部中央及颊区存在黑色斑纹，大小变化不等。雌虫颜面为淡黄褐色，额唇基基部两侧有数条淡褐色横纹，两颊淡黄绿。前胸背板黄绿色，后半淡蓝绿色，小盾板黄绿色。前翅淡蓝绿色，前缘淡黄绿色，雄虫翅末 1/3 为黑色，雌虫翅端部淡褐色。雄虫胸、腹部腹面及腹部背面均为黑色，仅环节边缘淡黄绿色；雌虫腹面则为淡藁黄色，腹部背面色黑。各足均为藁黄色，仅爪黑色。雄虫除具有黑色爪外，足的各节具有黑斑，多少、浓淡不等，各股节皆有黑色条纹。

◆ 生物学习性

黑尾叶蝉有趋光习性。成虫、若虫均可刺吸禾本科植物的水稻、小麦、玉米等粮食作物，还可为害高粱、谷子、看麦娘、游草、白菜、荠菜、萝卜、茭白、甘蔗、稗草、茶等作物。一般生活在植株上，多在叶部取食，也有一些种类生活于地面或植物根部。有寄主转移现象，不同世代生活于不同的植物上。主要天敌有褐腰赤眼蜂、捕食性蜘蛛等。黑尾叶蝉广泛分布于中国粮食产区，为中国农林业的重要经济性害虫。

◆ 生活史特征

黑尾叶蝉在中国江苏、浙江一带 1 年发生 5 ～ 6 代，以 3 ～ 4 龄若虫及少量成虫在绿肥田边、塘边、河边的杂草上越冬。成虫把卵产在叶鞘边缘内侧组织中，每雌产卵 100 ～ 300 粒。若虫喜栖息在植株下部或叶片背面取食，有群集性，3 ～ 4 龄若虫尤其活跃。越冬若虫多在 4 月羽化为成虫，迁入稻田或茭白田为害，少雨年份易大发生。

◆ 防治措施

注意保护利用天敌昆虫和捕食性蜘蛛防治黑尾叶蝉。在发生期，根据成虫迁飞和若虫发生情况，因地制宜确定当地防治适期。在其大发生时，可及时喷洒 2% 叶蝉散粉剂，或 10% 吡虫啉可湿性粉剂 2500 倍液、2.5% 保得乳油 2000 倍液、20% 叶蝉散乳油 500 倍液等药剂；也可用 30% 乙酰甲胺磷乳油或 50% 杀螟松乳油 1000 倍液、90% 杀虫单原粉兑水喷雾。

半翅目

苜蓿盲蝽

苜蓿盲蝽是昆虫纲半翅目盲蝽科苜蓿盲蝽属的一种。

◆ 地理分布

苜蓿盲蝽在中国分布于黑龙江、吉林、辽宁、河北、北京、天津、内蒙古、山东、山西、陕西、甘肃、宁夏、新疆、青海、西藏、浙江、江西、河南、湖北、广西、四川、云南等地，是偏古北界的广布种。

◆ 形态特征

成虫

苜蓿盲蝽成虫体长 8.0 ～ 8.5 毫米，宽 2.3 ～ 2.6 毫米。黄褐色。被细毛。头小，三角形，端部略突出，褐色，光滑。复眼扁圆，黑色，喙 4 节，端部黑，后伸达中足基节。触角丝状，比体长，第一节较粗壮，

第二节最长，端部两节颜色较深，第四节最短。半翅鞘革片前缘、后缘黄褐色，中央三角区褐色；爪片褐色；膜区暗褐色，半透明；楔片黄色；翅室脉纹深褐色。足基节长，斜生。股节略膨大，端部约 2/3 的部分具有黑褐色斑点。胫节具刺，基部有小黑点。跗节 3 节，第一节短，第三节最长，黑褐色。

卵

苜蓿盲蝽的卵长 1.2 ～ 1.5 毫米，宽 0.38 毫米。长形，呈乳白色。卵盖倾斜，棕色，较厚，在卵盖的一侧边有一突起，卵盖椭圆形，周缘隆起而中央凹入。卵产于植物组织中，卵盖外露。

若虫

苜蓿盲蝽的若虫全体深绿色，遍布黑色刚毛，刚毛着生于黑色毛基片上，故本种若虫特点为绿色而杂有明显的黑点。头三角形。眼小，位于头侧。触角 4 节，褐色，比身体长，第一节粗短，第二节最长，第四节长而膨大。喙有横缝状臭腺开口，周围黑色。足绿色。股节上杂以黑色斑点，胫节灰绿色，上有黑刺；跗节 2 节，端节长。爪 2 枚，黑色。眼紫色，翅芽超过腹部第三节，腺囊口"八"字形。

◆ 生物学习性

苜蓿盲蝽的食性很杂，可取食多种植物，尤喜食藜科、豆科、葫芦科、亚麻科、甜菜、豆类、瓜类、胡麻和苜蓿等；不取食禾本科植物。若虫或成虫喜聚集活动，一般十几头甚至几十头聚在一株植物上取食，喜食植物幼嫩组织，如刚出土幼苗的子叶、心叶及花蕾、花器。取食时，将刺吸式口器插入植物组织内吮吸汁液，同时注入唾液使植物细胞坏死，受害作物生长点分枝丛生，叶片呈现白斑，并且卷曲，皱缩，重者枯死绝产。若虫爬行能力和成虫飞翔能力较强。扩散、迁移速度快。活动高峰在每天的早晨和傍晚，中午气温高时多在植物叶片背面。在土块或枯枝落叶下潜伏。

苜蓿盲蝽主要为害苜蓿、草木樨、马铃薯、棉花等农作物，尤其是对棉花和苜蓿的为害重。苜蓿盲蝽分布十分广泛，发生量很大，在20世纪50～60年代曾造成重大危害，21世纪以来对棉的危害程度有所下降，为次生性害虫。随着种植业结构的调整，尤其是 Bt 棉推广种植以来，以棉铃虫为代表的鳞翅目害虫得到有效控制，但是盲蝽蟓的种群数量剧增，苜蓿盲蝽也普遍发生。苜蓿盲蝽作为黄河流域地区的一个优势种类，在牧棉混作区发生为害尤其严重，并表现出严重灾变的趋势，对牧草以及其他作物的生产带来严重的不良影响。

◆ **生活史特征**

苜蓿盲蝽在不同地区的年发生世代数不同。中国北京和新疆地区1年3代，山西、陕西和河南地区3～4代，南京地区4～5代。以卵在各种杂草枯茎组织内越冬。成虫寿命为30～50天。其飞翔能力强、白天潜伏，稍受惊动便迅速爬迁，不易发现。成虫在清晨和夜晚爬到芽上取食为害。

苜蓿盲蝽的发生和气候条件有密切的关系。卵在相对湿度65%以上时，才能大量孵化。气温为20～30℃，相对湿度为80%～90%的高湿气候，最适宜其发生为害。在高温低湿的气候下，该虫为害较轻。

◆ 发生规律

虫源基数

苜蓿盲蝽的越冬虫态为成虫。越冬虫源地为田边杂草、麦田、苜蓿地、树皮缝或枯枝落叶下面。越冬基数需要经过冬前及早春进行实地调查、分析确定。越冬卵在 4 月上旬，平均温度达 10℃ 以上，相对湿度在 70% 左右时，孵出第一代若虫，成虫于 5 月上旬开始羽化。第一代若虫 6 月上旬出现，成虫 6 月下旬开始羽化；第二代若虫 7 月下旬孵出，若虫于 10 月中旬全部结束，第二代成虫 8 月中下旬羽化，9 月中旬成虫在越冬寄主上产卵越冬。多在夜间产卵，每刺 1 小孔，产卵 1 粒于其中，卵垂直或略斜插入组织内，卵盖微露，似一小钉，产卵处组织以后逐渐裂开，多排卵略显露出来，越冬代、第一代成虫产卵，多在植株上部，秋季（第二代）成虫则常产在茎秆下部近根的地方。三代雌虫产卵量，以越冬代最多，为 78.5 ～ 199.8 粒 / 雌，第二代产卵量最小，仅 20.2 ～ 43.7 粒 / 雌。

气候条件

盲蝽属喜湿昆虫。在相对湿度为 70% ～ 80% 的高湿条件下，卵孵化率与若虫存活率提高、成虫寿命延长、单次产卵量增加，整个种群净增值率和内禀增长率也明显提高。而在相对湿度为 40% ～ 50% 的低湿条件下，盲蝽种群适合度明显减弱。

寄主植物

苜蓿盲蝽寄主植物有 29 科 125 钟，其中对世代发生与种群消长有重要影响的种类有苜蓿、棉花、粟、马铃薯、豌豆、扁豆、枸杞、灰菜、芝麻、草木樨、扫帚苗、向日葵等。苜蓿盲蝽的早春寄主植物近 20 种。苜蓿盲蝽喜好寄主植物的幼嫩部分及花朵，具有明显的趋化性，尤其对紫花苜蓿及花期的棉花具有明显的趋性，能够有效地选择食物源。

天敌昆虫

苜蓿盲蝽的天敌主要有卵寄生蜂、捕食性蜘蛛、姬猎蝽、花蝽、蜘蛛、瓢虫、草蛉、螳螂等。而捕食蝽类中的大眼长蝽却表现出了一定的利用潜力。大眼长蝽是中国棉田内的优势捕食蝽类，在全国大部分地区有发生分布，其种群发生量仅次于瓢虫、草蛉、蜘蛛，是发生数量最多的捕食蝽类。此外，白僵菌在 20 ～ 30℃，湿度高达 90% 相对湿度时，具有较好的控制效果。

◆ 防治措施

苜蓿盲蝽主要防治策略：及早灭卵，防止越冬卵的孵化；集中用药，大面积统一防治；最好在傍晚喷药，以取得较好的效果。要做到树上、地上同时喷；科学使用农药，注意农药的交替使用，以防止产生抗药性。具体措施有以下 4 种。

农业防治

处理越冬寄主，秋季及时清除田内及附近的杂草落叶等杂物，集中烧毁或深埋，消灭越冬卵，减少来年虫源。早春结合沤肥除去田埂、路边和坟地的杂草，消灭越冬卵，减少早春虫口基数，收割绿肥不留残茬，翻耕绿肥时全部埋入地下，减少向其他作物转移的虫量。苜蓿田周围可种植苜蓿盲蝽寄主植物，形成诱集植物带，对诱集带进行控制，以减少苜蓿盲蝽对苜蓿的为害。

生物防治

苜蓿盲蝽的主要天敌有寄生蜂、草蛉、捕食性蜘蛛等。可在牧草田块四周或田间适当位置，留出2米×3米的空地，堆放干燥杂草，作为捕食性蜘蛛的自然繁殖场所。在秋季至早春可人工投放3～5龄的黄粉虫作为补充饵料，促进蜘蛛群体的扩繁。三突花蛛捕食行为始于2龄幼蛛，可捕食苜蓿盲蝽的各龄若虫及成虫，其成蛛日捕食苜蓿盲蝽2龄、4龄若虫可达30.4头/头、9.3头/头。选择试验表明，三突花蛛捕食不同龄期的盲蝽趋于选择体形较大个体。环境温度对三突花蛛的捕食量有明显影响，以20～35℃为适宜捕食温度；低于10℃其日捕食量显著降低。

物理防治

利用苜蓿盲蝽成虫的趋光性，可在成虫发生期统一采用黑光灯诱杀成虫，以减少卵的基数。还可用网捕。6月中下旬和8月上中旬正值苜蓿盲蝽2代、3代成虫为害高峰期，采用网捕，此方法也是田间调查的最佳方法。捕虫网规格为：网口直径45～55厘米，网长100～120厘米，网把长120～150厘米，捕网的时间最好在11时前和17时以后，这样效果更佳。

化学防治

苜蓿田以药剂防治为主。发生初期喷洒马拉硫磷、氯氰菊酯、溴氰菊酯、氯氟氰菊酯药剂可收到较好防效。采收前7天停止用药。苜蓿盲蝽喜潮湿，连续降水后田间常出现苜蓿盲蝽种群数量剧增、为害加重的现象。为此，在雨水多的季节，应及时抢晴防治，以免延误最佳防治时机。

牧草盲蝽

牧草盲蝽是昆虫纲半翅目盲蝽科草盲蝽属的一种。作物害虫。

◆ 地理分布

牧草盲蝽广泛分布于古北区，在中国主要分布在西北地区的新疆和甘肃等地。寄主植物有 22 科 71 种，主要包括棉、苜蓿、枣、葡萄、苹果、香梨、苦豆子、黄花蒿、冷蒿、骆驼刺等。牧草盲蝽取食为害可导致寄主叶片破损、小蕾和幼果（铃）畸形或脱落。严重发生时，棉花产量损失率可超过 30%。

◆ 形态特征

牧草盲蝽的成虫体长 5.5～6.0 毫米，宽 2.2～2.5 毫米，体绿色或黄绿色。头宽而短，触角丝状。小盾片黄色，前缘中央有两条黑纹，使盾片黄色部分成心脏形。足腿节末端有 2～3 条深褐色的环纹，胫节具黑刺。若虫黄绿色，前胸背板中部两侧和小盾片中部两侧各具黑色圆点 1 个。腹部背面第三腹节后缘有一黑色圆形臭腺开口，构成体背 5 个黑色圆点。卵长约 0.90 毫米，宽约 0.22 毫米，中部弯曲，端部钝圆。

◆ 生物学习性

牧草盲蝽以成虫在土缝、墙缝、各种杂草、植物枯枝残叶和树皮裂缝内蛰伏越冬。成虫有趋绿、趋花习性，常随寄主植物生长发育阶段变化而不断迁移。种群发生高峰期与植物花期吻合，并随着植物成熟而不断迁出。

◆ **生活史特征**

牧草盲蝽在新疆南疆 1 年发生 4 代，在北疆 1 年 3 代。成虫寿命随世代而异，以越冬代最长，约 200 天。成虫产卵期可达 25 ～ 60 天，全年世代重叠。牧草盲蝽羽化后不久即交配，再经 4 ～ 6 天开始产卵，每头雌成虫最多能产 300 多粒卵。在棉上，卵主要产在 2 ～ 3 毫米粗的嫩茎、叶柄、花柄与花梗处。

当早春气温达到 10℃ 以上，越冬成虫出蛰活动，卵和若虫开始正常发育。20 ～ 30℃ 最有利于若虫发育与成虫繁殖，35℃ 以上高温对种群发生具有抑制作用。牧草盲蝽喜湿，60% ～ 80% 相对湿度适宜种群增长，降雨丰沛、大水漫灌有助于田间发生为害。

◆ **防治措施**

碱包和荒滩常滋生大量的藜科等杂草，是牧草盲蝽秋季繁殖的主要场所，应结合条田规划加以开垦改良。在土地开始冻结后（地面未积雪之前），彻底清除棉田杂草和枯枝烂叶，使牧草盲蝽失去越冬场所而冻死。

可利用性诱剂、杀虫灯诱杀成虫。化学防治适期为 2 ～ 3 龄若虫的发生高峰期，常用药剂有啶虫脒、噻虫嗪、联苯菊酯、马拉硫磷等。在棉花生产中，以化学防治为主，防治效果一般在 90% 以上。

暗色姬蝽

暗色姬蝽是昆虫纲半翅目姬蝽科姬蝽属的一种。

◆ **地理分布**

暗色姬蝽分布在中国黑龙江、吉林、辽宁、北京、天津、河北、山西、山东、河南、陕西、宁夏、甘肃、新疆、江苏、安徽、浙江、湖北、江西、福建、广东、四川、云南等地。俄罗斯、朝鲜、日本也有分布。

◆ **形态特征**

暗色姬蝽体长 7.5～8.0 毫米，灰黄色，无光泽。头向前伸出，顶部钝圆。触角 4 节，第一节最短，短于头的长度，第三、第四节几等长。复眼发达，一对单眼位于复眼内侧下方。前胸背板有一褐色横带将背板分成前叶和后叶，前叶短小，后叶长大，后叶前半部嵌有褐色花纹；前胸背板中央的纵纹、小盾片基部及中央、前翅革片端部的三角形斑纹及膜片基部的一个斑点均为暗黑色。前翅长于腹部。前、中、后足细长，前足腿节不特别膨大。

◆ **生物学习性**

暗色姬蝽通常栖息在棉田、豆地、麦田、稻田、烟草地及蔬菜、果树、森林中和各种杂草丛间，活动及捕食能力强、繁殖较快，成虫及若虫喜捕食蚜虫、红蜘蛛、长蝽、盲蝽、棉铃虫、蓟马小造桥虫及多种翅目幼虫和卵等，对害虫具有一定的控制作用。

◆ **生活史特征**

一年发生几代不详，以成虫迁飞到向阳的植物根际处及土缝或枯枝落叶下越冬。翌年 4 月初越冬代成虫开始活动，迁移于早春植物上捕食蚜虫等；4 月下旬开始产卵，通常将卵产在早春植物上，卵体嵌埋在茎的组织内，而卵前极外露于植物组织表面，因此在绿色植物茎的表面呈现出白色或淡黄小点，即为卵前极的色泽。一头雌虫每次产卵 14～30 粒不等，一生可产卵 100 多粒。

黑肩绿盲蝽

黑肩绿盲蝽是昆虫纲半翅目盲蝽科嗜卵盲蝽属的一种。又称苍翅盲蝽。

◆ 地理分布

黑肩绿盲蝽是水稻产区稻飞虱和稻叶蝉等害虫的卵及若虫的重要捕食性天敌。分布区域广泛，在中国主要分布于河北、天津、河南、陕西、江苏、上海、浙江、安徽、江西、湖北、湖南、四川、台湾、福建、广东、海南、广西、贵州、云南等地区。国际上分布于日本、朝鲜、越南、泰国、缅甸、孟加拉国、斯里兰卡、印度、马来西亚、新加坡、菲律宾、印度尼西亚、澳大利亚、斐济、美国、大巴科巴岛、萨摩亚群岛、马里亚纳群岛、加罗林群岛、新赫布里底群岛、所罗门群岛等地。

◆ 形态特征

黑肩绿盲蝽的卵呈茄子形或似断头香蕉，散产于叶鞘或叶片中脉的组织内，卵顶有椭圆形卵帽，留在叶鞘或叶片中脉组织外的卵帽如针尖大小，初产时为乳白色，后变红褐色、黑褐色，卵发育至后期时出现一对红色眼点，近孵化时呈青绿色。

黑肩绿盲蝽的若虫体形似麦长管蚜，绿色或黄绿色，触角低龄时2～4节，基部淡黑褐色，各节随龄期增大逐渐变黑褐色，足胫节基部褐色，至羽化时消失。

黑肩绿盲蝽的成虫体长3毫米左右，黄绿色，头部中央前方至头顶中央有一个近菱形的黑褐色大斑。复眼黑色，大而突出；触角4节，丝状，约与体等长。头部宽扁，刺吸式口器，颈黑褐色，前翅前半部分为绿色，后半部分为黄褐色。雌成虫体形较肥大，前翅末端膜质部颜色较淡，产卵管棕褐色明显外露于第八腹节；雄成虫较瘦，前翅末端色较深。

◆ **生物学习性**

黑肩绿盲蝽的若虫、成虫多在水稻中下部尤其是基部活动，喜欢在湿润的水稻长势嫩绿且害虫发生多的田块活动。成虫反应灵敏，行动活泼，趋光性较强，具有远距离迁飞特性，每年6月成虫随稻飞虱的迁入出现在中国稻区。黑肩绿盲蝽有一定的假死性，在受到突然惊扰时，有坠地假死习性，但时间不长，很快就恢复正常。此外，成虫的耐饥性也很强。黑肩绿盲蝽的猎物种类很多，可捕食褐飞虱、白背飞虱、灰稻虱、玉米飞虱、黑尾叶蝉、二点黑尾叶蝉、二条黑尾叶蝉、二化螟、三化螟的卵和若虫，偶尔也可捕食其成虫；地中海实蝇、大青叶蝉、电光叶蝉、大螟、米蛾的卵及稻纵卷叶螟的初龄幼虫等。

◆ **生活史特征**

黑肩绿盲蝽每代历期因温度而异，各地发生代数不一，湖南全年发生5～6代，福建、贵州等地发生7～8代。一般以成虫在热带和南亚热带稻区越冬，在中国浙江、湖南和四川等地不能越冬。卵多在白天孵化，尤以7～10点和14～16点孵化最多。刚孵出的若虫不活动，在卵壳附近的叶鞘和叶片处停息数分钟后，才开始爬行，寻觅食料。绝大多数若虫脱皮4次共5龄，仅少数若虫为4龄或6龄。老熟若虫多在夜间羽化，刚羽化的成虫不甚活跃，全体呈乳白色，其后逐渐变为淡绿色至黄绿色。成虫羽化后需经补充营养才能大量交尾，羽化后2～3天内交尾，少数可当天交尾。成虫几乎整天可进行交尾活动，雌虫在交尾后的当天便开始产卵，直到死亡前 1 ～ 2 天才停止产卵，其产卵的寄主有水稻、稗草、异型莎草和无芒臂形草等。雌成虫一般两性生殖，少数孤雌生殖，但产卵量极少。成虫寿命和产卵量与温湿度、猎物种类、数量、发育期等因素有关。

◆ **应用条件与影响因素**

黑肩绿盲蝽的生长发育受温度、寄主植物、食物、农药等多种因素影响，其捕食能力也因龄期、自身密度、猎物密度、猎物产卵部位、水稻品种及氮肥水平等不同而存在差异。在田间黑肩绿盲蝽对稻飞虱的控制作用非常明显，平均捕食率可达 30% ～ 50%；对褐飞虱卵的捕食率一般约 30%，高的达 70% 以上。尽管黑肩绿盲蝽的田间种群增长率较高，但它在田间的初始种群密度很低，在中国华东稻区一般要到 9 月份才进入盛发期，如晚稻或单季稻后期才能发挥较好作用。因此，如果在稻飞虱和黑肩绿盲蝽迁入中国稻田之前，能通过人工繁殖和田间释放的方式，在稻田生态系统中初步建立黑肩绿盲蝽的种群，对于稻飞虱的生物防治将起到重要的作用。通过田间释放黑肩绿盲蝽控制稻飞虱种群的发生已经在日本取得了初步结果。

蝇

蝇是昆虫纲双翅目的一类昆虫。俗称苍蝇，是人们熟悉的昆虫之一。具有一定的迁徙性。

由蝇类传播的疾病很多。有些蝇类的幼虫可寄生在人体引起蝇蛆症，有些蝇能刺吸人畜血液，对人类危害极大。全世界已知蝇种 3.4 万余种，中国有记录的约 4200 种。蝇的有无或多少更是环境卫生标志之一，与环境卫生有关的蝇，常被称为"住区蝇类"。与人类疾病关系密切的常见蝇种有家蝇、绿蝇、金蝇、丽蝇、麻蝇及舌蝇等。

◆ **形态特征**

蝇类有大、中、小 3 型。体长多为 6～14 毫米，体色呈暗灰黑色、黄褐、暗褐或具金属光泽的绿色、蓝色、紫色、青蓝色，全身覆有鬃毛。口器舐吸式，少数为刺吸式。足末端有爪及爪垫各 1 对，爪垫有细毛并分泌黏液，故易携带各种病原体。

◆ **生物学习性**

滋生

根据不同蝇种的产卵习性和幼虫发育所需的滋生物质、滋生地不同，通常可分为 4 种类型：①粪便类。可分人粪型及禽畜粪型。在这类滋生地的蝇种较多，通常有巨尾阿丽蝇、大头金蝇、家蝇、麻蝇。②腐败的动物质类。包括兽骨、兽皮毛、禽羽毛、硝皮作业、腌腊制作业、动物尸体、屠宰废弃物等。通常为丝光绿蝇、麻蝇、丽蝇的滋生地。③腐败的植物质类。包括腐烂蔬菜、瓜果、酱及酱制品、家禽家畜饲料等。通常为滋生麻蝇、家蝇。④垃圾类。组成成分较为复杂。一般常见的有家蝇、大头金蝇、丝光绿蝇等。

食性

蝇类的嗅觉十分灵敏。大多数蝇种为杂食性，香、甜、腥、臭均喜爱。它们以各种腐败的有机物质为食料，包括各种动物的粪便、汗液、脓血、尸体，腐败的植物质等，亦能以人的食物为食。蝇取食频繁且有边食边呕吐边排粪的习性，当蝇全身的鬃毛及爪垫的黏毛携带大量病原体时，往往污染人们的食物和餐具等造成机械性传播疾病。

活动与栖息

蝇类出入于滋生地与取食场所之间，活动范围不大。活动受温度的影响较大。例如，家蝇在30℃最活跃，15℃时尚能正常取食，12℃时尚能飞行，9～10℃时只能爬行，7～8℃则完全不动。入秋时节，当刮风时，家蝇大量侵入室内，常在天花板、电线、悬空绳索和窗框等处栖息。温暖的夜晚，相当数量的家蝇栖息在室外的树叶、树枝、电线、栏杆、篱笆等处。丽蝇、麻蝇主要在室外栖息和活动。蝇类较善于飞翔，1小时可飞行6～8千米，一昼夜飞行8～18千米。但在通常情况下，蝇类主要在栖息地附近觅食，常在以滋生地为中心的100～200米半径范围内活动。风向、风速、食物、滋生物的气味是影响蝇类种群迁飞的主要因素。此外，交通工具如汽车、火车、飞机、轮船均帮助了蝇类由一地向另一地扩散。

季节消长

不同蝇类季节消长各不相同，随蝇种、气候和地区条件而异，一般以温暖季节为盛。中国北方寒区，蝇的繁殖季节较短（7～9月份），温带地区较长（5～11月份）。气温过高或雨量过多对蝇的滋生、繁殖均不利。中国上海及江浙周边省市，蝇类一般3月份出现，6月份达高峰，7月份密度回落，8月份再达高峰，10月份密度逐渐下降。家蝇、大头金蝇和丝光绿蝇是城市的主要防制蝇种。

按蝇类繁盛期所在的季节，将蝇类分为早春型、春夏型、夏型、夏秋型和秋型。其中，夏秋型蝇类与肠道传染病关系最密切。

越冬

大部分的蝇类都以蛹越冬，除蛹外尚可以幼虫或成虫越冬。蛹的越冬场所大都在滋生地附近的松软泥土中。蛹对寒冷和干燥的抵抗力较强，经过 -10℃ 低温，长达 4 ～ 5 个月的冬季，于翌年还能羽化为成虫。若以成虫越冬，常蛰伏于温暖、避风的厨房、地下室、暖房、仓库、地窖、畜圈等处。

◆ 生活史特征

蝇的生活史为完全变态，历经卵、幼虫（蛆）、蛹和成虫 4 期。多数种类成虫产卵。有些种类直接产幼虫，如麻蝇。蝇的发育一般需要较高温度，在 35℃ 左右发育很快，8 ～ 10 天即可完成 1 代。温湿度适宜条件下，1 年可发生 10 余代。

◆ 与疾病的关系

蝇的种类多，活动范围广，但与人类关系较密切的仅数十种。中国蝇类主要骚扰人们的生活和工作，部分蝇类能携带 100 多种病原体，机械性传播疾病。有的蝇幼虫（蝇蛆）能寄生于组织或器官中引起蝇蛆病。在非洲的一些吸血性蝇类可生物性传播锥虫病。

机械性传播疾病主要有细菌性、病毒性、寄生虫性疾病。生物性传播疾病主要因某些蝇种可作为眼结膜吸吮线虫的中间宿主，如变色纵眼果蝇；另在非洲流行的锥虫病（睡眠病）系由舌蝇传播。

细菌性疾病

如伤寒、副伤寒、霍乱、副霍乱、菌痢、细菌性食物中毒、破伤风、炭疽、化脓性球菌感染、结核病。

病毒性疾病

如脊髓灰质炎、病毒性肝炎等。

原虫性疾病

阿米巴痢疾、贾第虫病等。

其他寄生虫性疾病

蛔虫病、鞭虫病、囊虫病等。

蝇蛆病

临床以寄生部位分为以下 6 种蝇蛆症。

胃肠蝇蛆症。致病蝇种主要有家蝇、金蝇、丽蝇等。通常因人们误食被蝇卵或幼虫污染的食物所致。也可能在野外因便溺或赤身睡觉时，蝇在肛门附近产卵或幼虫逆行入肛门侵入肠内致病。

眼蝇蛆症。致病蝇种有羊狂蝇、鼻狂蝇，尤以纹皮蝇幼虫侵袭眼球更为严重。

皮肤蝇蛆症。牧区常见。致病蝇种有人皮蝇、纹皮蝇、牛皮蝇。患者显见有与牛、羊等的密切接触史。人皮蝇导致的皮肤蝇蛆病可由蚊传播。临床依据患者的症状和体征，可分两类：①单纯型。主要症状和体征为发热，皮肤出现荨麻疹或皮疹，起肿块，游走性疼痛伴奇痒，有时似锥子样刺痛。蝇蛆可侵犯人体各部位，如腰、腹、肩、胸背、面颈、腋窝、腹股沟等，偶见肛周或女性大阴唇处。②混合型。由于蝇蛆具有皮下移行特点，或因蝇卵进入胃肠道后未被消化液杀灭，可经门静脉随血循环扩散至全身不同部位而致病。如皮下蝇蛆病合并胸膜炎、胸腔积液、脓胸、心包炎、心包积液等损害，也可累及脑部。

口腔、鼻、咽及耳道蝇蛆症。致病蝇种有金蝇、绿蝇、麻蝇等。由于这些器官易产生气味，或具臭味的分泌物，当发生炎症时，可引诱蝇类产卵或幼虫。如发生化脓性中耳炎、慢性鼻窦炎、萎缩性鼻窦炎或臭鼻症的患者。上述蝇蛆病可同时发生。若幼虫穿破耳膜侵入中耳乳突腔，破坏骨质，可引起颅内并发症，严重危及患者性命。

泌尿生殖道蝇蛆症。致病蝇种有麻蝇、绿蝇、金蝇等。常在人们袒胸露背、露天就寝时或野外便溺的情况下，成蝇产卵或产幼虫于尿道口、肛门附近，蝇蛆逆行发生尿道蝇蛆病。

创伤蝇蛆症。致病蝇种主要是绿蝇、金蝇。此病为蝇类在人体体表伤口处产卵孵蛆所致。

◆ **常见重要种类**

家蝇。体形中等。全身灰褐色，中胸背板黄灰色，有4条黑色等宽的条纹，腹部正中有黑色纵纹。家蝇分布遍及全世界，与人畜关系最密切。中国家蝇活动期为3～11月份，季节高峰为9月份。

丝光绿蝇。体形中等。有金绿色金属光泽，特别胸部背板具闪耀光彩；头的颊部银白色。全中国分布。

大头金蝇。体形大。有蓝绿色金属光泽，复眼鲜红色，胸背部多细毛，头端两颊为橙黄色。中国大头金蝇的活动季节为4～12月份，6月和10月可分别出现高峰。

巨尾阿丽蝇。为大型蝇种。深青黑色，中胸背板前中部有 3 条纵纹，腹部带有深浓的蓝黑色金属光泽。早春出现，5 月份达高峰。

黑尾麻蝇。为中大型蝇种。暗灰色，中胸背板有 3 条黑色纵纹，腹部背面具黑白相间的棋盘状显斑。全中国分布。麻蝇成虫直接产幼虫。

马铃薯甲虫

马铃薯甲虫是昆虫纲鞘翅目叶甲科瘦跗叶甲属的一种。世界公认的马铃薯毁灭性食叶害虫，也是中国对外重大检疫对象和外来入侵生物之一。

◆ 地理分布

马铃薯甲虫原产于美国落基山山脉东坡，现分布于加拿大、墨西哥、哥斯达黎加、西班牙、意大利、葡萄牙、比利时、荷兰、丹麦、德国、卢森堡、瑞士、奥地利、捷克、斯洛伐克、波兰、匈牙利、罗马尼亚、保加利亚、俄罗斯、土耳其、叙利亚、巴利阿里群岛等国家和地区，以及非洲大陆北部、里海海岸周边国家及中亚各国。在中国，分布于新疆天山以北准噶尔盆地的 37 个县（市、区）约 30 万平方千米的区域及其所属的新疆建设兵团所属团场马铃薯种植区。此外，马铃薯甲虫在毗邻中国的俄罗斯远东滨海区爆发危害，距黑龙江绥芬河仅 50 千米，黑龙江、吉林、辽宁面临马铃薯甲虫持续入侵，在边境线上零星分布，存在定殖风险。中国马铃薯分布区内均存在入侵风险。

◆ 形态特征

马铃薯甲虫属全变态昆虫，分为成虫、卵、幼虫和蛹 4 个虫态。

马铃薯甲虫的成虫。短卵圆形，体背显著隆起。体长 9～12 毫米，宽 6～7 毫米。淡黄色至红褐色，具多数黑色条纹和斑。头顶的黑斑多呈三角形。复眼后方有一黑斑，但通常被前胸背板遮盖。口器淡黄色至黄色，上颚端部黑色，下颚须末端色暗。触角 11 节。前胸背板隆起，鞘翅卵圆形，显著隆起。每一鞘翅有 5 个黑色纵条纹，全部由翅基部延伸到翅端。雌雄两性外形差别不大。雌虫个体一般稍大，雄虫最末端腹板比较隆起，具一凹线，雌虫无此特征。

马铃薯甲虫的卵。椭圆形，顶部钝尖，初产时鲜黄，随后变为橙黄色或浅红色。卵长 1.5～1.8 毫米，卵宽 0.7～0.8 毫米。卵主要产于叶片背面，多聚产呈卵块，每个卵块 15～60 粒。卵粒与叶面多呈垂直状态。

马铃薯甲虫的幼虫。分为 4 个龄期。1 龄、2 龄幼虫暗褐色，3 龄以后逐渐变鲜黄色、粉色或橙黄色。1 龄、2 龄幼虫头、前胸背板骨片及胸、腹部的气门片暗褐色和黑色。3 龄、4 龄幼虫色淡，腹部膨胀隆起呈驼背状，头两侧各具瘤状小眼 6 个和具 3 节的短触角 1 个。腹部两侧各有两排黑色斑点。足黑褐色。体长：1 龄 3.20～2.10 毫米，2 龄 5.60～4.40 毫米，3 龄 9.10～7.70 毫米，4 龄 15.40～12.40 毫米。

马铃薯甲虫的蛹。离蛹，椭圆形呈尾部略尖，长 9～12 毫米，宽 6～8 毫米。橘黄色或淡红色，体侧各有一排黑色小点。

◆ **生物学习性**

在美洲和欧洲马铃薯甲虫 1 年发生 1～3 代。在中国，马铃薯甲虫 1 年可发生 1～2 代，以 2 代为主，个别区域可发生不完全 3 代。马铃薯甲虫以成虫在寄主作物（马铃薯、茄子为主）田块的土壤中越冬，与寄主田邻近的作物田或荒地，林地亦有少量成虫越冬。

马铃薯甲虫拥有极强的生理、生态适应能力：①适应不良环境的生物学机制。马铃薯甲虫具有多种抵御不良环境条件的能力。如高繁殖力，滞育和迁飞等。因此，可以在不同的环境条件下顺利完成生活史。②极易产生抗药性。研究显示，马铃薯甲虫对化学农药的抗药性发生极快，对于新注册的化学农药往往只需 2～4 年就可产生抗药性。在中国，大部分马铃薯甲虫种群对拟除虫菊酯类（三氟氯氰菊酯、溴氰菊酯）杀虫剂已产生中到极高水平的抗性；对氨基甲酸酯类药剂（丁硫克百威，克百威）已产生中到高水平抗性；对新烟碱类药剂初现抗性，部分种群对噻虫嗪产生了低到中等水平的抗性。③天敌自然控制作用较弱。捕食性昆虫、白僵菌与绿僵菌等昆虫病原性真菌、昆虫病原性细菌和线虫种天敌类有 200 余种。但总体而言，天敌对马铃薯甲虫自然控制作用不强。在中国，马铃薯甲虫捕食性天敌仅有 54 种。天敌资源种类相对有限，且缺乏专一性的天敌，自然天敌控制效应较弱。

◆ **传播途径**

马铃薯甲虫成虫是传播和扩散的主要虫态。可通过成虫随气流迁飞而自然传播，也可通过发生区的马铃薯薯块、蔬菜等相关农副产品及交通工具等人为方式传播。

◆ **危害**

马铃薯甲虫以成虫、幼虫取食并危害马铃薯叶片和嫩尖，造成马铃薯严重减产甚至绝收。其成虫及 3～4 龄幼虫取食量较大。在中国马铃薯甲虫发生区，马铃薯甲虫危害初期常使叶片出现大小不等的孔洞或缺刻，其继续取食可将叶肉吃光，留下叶脉和叶柄。严重危害时，常将叶柄或较细的幼茎咬断，从而引起整个叶片或茎上部分叶片枯死。这种情况通常发生在开花前受害严重的马铃薯植株上。在夏季强烈阳光的照射下，被害马铃薯植株剩余的茎秆会在几天内失水干枯后死亡。在马铃薯幼苗、开花至薯块形成期遭受马铃薯甲虫严重危害会对产量造成很大影响。成虫、幼虫喜食幼嫩的中上部叶片，形成"秃顶"后，幼虫向下转移为害，待整株叶片都吃光后，再向邻近植株转移为害。马铃薯甲虫在食物条件匮乏情况下也取食马铃薯块茎，偶食茄子和曼陀罗的果实，以及番茄茎秆韧皮部和白菜等十字花科植物。同时，其可传播马铃薯褐斑病、环腐病等多种病害。

◆ **防治措施**

植物检疫措施

植物检疫是控制和预防马铃薯甲虫的有效手段之一。中国采取的主要植物检疫措施包括：一旦局部地区发生马铃薯甲虫疫情，应在当地行政主管部门的监督和指导下将该区域划为疫区；制定行之有效防控预案；采取积极的检疫、封锁和应急扑灭措施，防止和杜绝马铃薯甲虫的进一步传播等内容。

农业防治

秋耕冬灌、与小麦等禾本科或豆科作物轮作是控制马铃薯甲虫的有效措施，可恶化马铃薯甲虫的生存环境，有效压低越冬基数，减轻越冬代马铃薯甲虫危害。利用马铃薯、茄子等寄主作物对马铃薯甲虫有明显的引诱作用，提早植种一定面积的马铃薯诱集带（面积不低于种植面积

1%），随后集中杀灭诱集带上越冬成虫，可有效控制越冬代成虫的危害和第一代虫源基数。

合理的施肥和管理可有效提高马铃薯的耐害性。在中国马铃薯甲虫发生区，一般中等肥力土壤的氮、磷、钾肥适宜施用尿素、磷酸二铵和硫酸钾，其用量分别为375千克/公顷、225千克/公顷和225千克/公顷，其中60%氮肥、60%磷肥和30%钾肥作基肥，播种前施用，其余花期作追肥，可显著提高马铃薯的耐害性。

生物防治

马铃薯甲虫的天敌包括昆虫、两栖动物、蜘蛛、线虫和真菌等200多种，以捕食性天敌为主。其中二点益蝽和斑腹刺益蝽等天敌资源应用较为广泛。在病原微生物方面，球包白僵菌和苏云金杆菌应用较多。此外，马铃薯甲虫专性高效白僵菌制剂田间应用亦有较好的防治效果，具体用法为：在1～2龄幼虫期喷雾300亿孢子/克球孢白僵菌可湿性粉剂1.5～3.0千克/公顷，防治2～3次，间隔7天；或低量喷雾100亿孢子/克油悬浮剂15升/公顷，共施2次，间隔7天，防治效可达80%以上。此外，聚集素引诱剂和植物引诱剂等亦可用于减少成虫数量。

化学防治

对马铃薯甲虫的防治主要采用化学防治。越冬代成虫和第一代低龄幼虫（1～2龄）发生高峰期是防治关键时期，两者的防治指标分别为24头/百株和106头/百株，当田间虫口密度达到或超过经济阈值时，可选择高效、低毒和低污染或无污染环境友好型杀虫剂进行田间喷雾防治。如12.5%高效氯氰菊酯1500倍液、5%阿克泰水分散粒剂90克/公顷、70%艾美乐水分散粒剂30毫升/公顷、3%莫比朗乳油225毫升/公顷、鬼斧（20%啶虫脒）可溶性液剂150克/毫米^2、3%甲维盐900克/毫米^2、康宽（20%氯虫苯甲酰胺）150克/公顷等。马铃薯播种前，使用新型薯块专用种衣剂3.2%甲噻悬浮种衣剂（FS）按药种比1：80包衣种薯；或采用70%噻虫嗪种子处理可分散粉剂按照有效成分18克/100千克种薯进行拌种处理，持效期可达60天，20天防效可达90%以上，可有效控制越冬代成虫和第一代幼虫的危害。

人工捕捉

利用马铃薯甲虫成虫具有"假死性"的习性，在越冬成虫出土期，在田间定期（1～2次/周）捕捉越冬成虫，摘除卵块，带出田外集中销毁，可有效压低虫口基数，减轻危害。

第 3 章

哺乳类

偶蹄目

盘 羊

盘羊是哺乳纲偶蹄目牛科盘羊属的一种。又称大头弯羊、大角羊、蟠羊。

◆ **地理分布**

盘羊在中国主要分布于西藏、青海、内蒙古、甘肃、新疆等地。国际上分布于阿富汗、印度、哈萨克斯坦、吉尔吉斯斯坦、蒙古国、尼泊尔、巴基斯坦、俄罗斯、塔吉克斯坦、乌兹别克斯坦等国。

◆ **形态特征**

盘羊的体长 150 ～ 189 厘米，肩高 50 ～ 120 厘米。体重一般 65 ～ 185 千克，雄性大者可达 200 千克。雌雄均具角；雄性的角粗大，角向下扭曲呈螺旋状，外侧有环棱，角长达 1 米以上，大者可达 1.45 米；雌性的角比雄性短，角长一般不超过 0.5 米，而且弯曲度不大，角呈镰刀状。体色暗褐色或污灰；脸面、肩胛、前背为浅灰棕色；喉部浅黄色；胸、腹、四肢下部为污白色。

◆ **生物学习性**

盘羊是典型的山地动物，喜栖于高山裸岩带及起伏的山间丘陵。在中国，其栖息地主要为山地草原和高山、亚高山高寒草甸草原，分布的海拔范围一般在 700～5200 米。群居。有季节性的垂直迁徙习性。多以禾本科、莎草科和石蒜科葱属植物为食，也取食一些灌木的嫩枝叶。主要天敌是狼和雪豹。

◆ **生活史特征**

盘羊在 1～2 岁性成熟，秋末和初冬发情交配，妊娠期 150～160 天，第二年 5～6 月产仔，一般每胎 1 仔，偶见 1 胎 2 仔。

◆ **种群动态**

1989 年，中国盘羊数量估计为 10 万头；1994 年，仅中国新疆的盘羊数量估计就有 4 万～6 万头。盘羊所有亚种的数量均减少，2014 年，在整个亚洲，盘羊的总数估计少于 8 万头。

◆ **濒危原因**

造成盘羊濒危的原因主要有：全球气候变化、人类活动干扰、过度放牧、网围栏、矿业开采、盗猎、栖息地植被退化、栖息地沙化、栖息地破碎化、栖息地丧失等。

盘羊

◆ **保护措施**

应对盘羊采取以下保护措施：加强栖息地保护和恢复，建立盘羊迁徙生态廊道，降低家畜放牧强度，减少人类活动干扰，加强自然保护区管理，加强疫源疫病监控，加强对盘羊种群及栖息地的监测和科学研究工作。

高鼻羚羊

高鼻羚羊是哺乳纲偶蹄目牛科高鼻羚羊属（赛加羚羊属）的一种。又称赛加羚羊、赛加羚、大鼻羚羊。

◆ 地理分布

中国是高鼻羚羊原产国之一，直到 20 世纪 50 年代，在新疆准噶尔盆地和北塔山一带、甘肃马鬃山地区及内蒙古西部的中蒙边境附近还发现过其踪迹。高鼻羚羊野生种群在中国已灭绝。国际上分布于哈萨克斯坦、蒙古国、乌兹别克斯坦、俄罗斯、土库曼斯坦。

◆ 形态特征

高鼻羚羊的成兽体长 100～170 厘米，肩高 70～80 厘米，尾长 7.6～10.0 厘米，体重 36～69 千克。仅雄性具角，角长 20～40 厘米，斜向后上方伸出，角呈淡琥珀色微透明，具明显的环棱，角上部至尖端处光滑无轮脊，角质坚硬。吻鼻部明显延长，鼻脊中部隆起膨大向下弯曲，因而得名"高鼻羚羊"。体毛浓密，背毛棕黄色，腹面和四肢内侧白色，冬毛灰白色。

◆ 生物学习性

高鼻羚羊主要栖息于荒漠、半荒漠地带，荒漠草原地带亦可见到。集群栖居。有季节性迁徙习性，冬季向南迁移到向阳的较暖山坡或山谷地带。植食性，主要以草类及低矮灌木为食，其食物包括禾本科、菊科、豆科、藜科等植物。天敌主要是狼、金雕、狐等。流行疫病如口蹄疫、巴氏杆菌病的爆发会造成种群数量大量下降。

◆ 生活史特征

高鼻羚羊为一雄多雌婚配制。性成熟早，当年生雌兽 8 月龄即可参与繁殖，雄兽 1 岁半方性成熟。冬季交配，发情期从 11 月下旬开始，发情期间，雄性的鼻子会膨大。妊娠期 5 ～ 5.5 个月，4 ～ 5 月份产仔，每次产仔 1 ～ 3 只，一般 1 胎 2 仔。

◆ 种群动态

高鼻羚羊曾遍及欧亚大陆，现其自然种群仅分布于俄罗斯、哈萨克斯坦、土库曼斯坦、乌兹别克斯坦和蒙古国 5 个国家。中国的高鼻羚羊已于 20 世纪 50 年代灭绝。据估计，20 世纪 80 年代仍有约 82 万头高鼻羚羊，其中 82% 生活在哈萨克斯坦。从 1998 年至 2002 年间，高鼻羚羊的数量从 62 万头急速下降到 5 万头左右；

高鼻羚羊雌性成体

至 2014 年，恢复到 25.7 万头。2015 年 5 月，高鼻羚羊在其主要分布区哈萨克斯坦的别特帕克达拉草原大规模死亡，至 5 月底已经有 12 万头死亡。高鼻羚羊现有 2 个亚种：①指名亚种。体形较大，角较长。②蒙古亚种。体形较小，角较短。指名亚种共有 4 个主要种群，分布在哈萨克斯坦和俄罗斯西北部地区，其中哈萨克斯坦贝特帕克达拉草原高鼻羚羊的数量最多。蒙古亚种主要分布在蒙古国戈壁阿尔泰省的蒙古沙地自然保护区，2017 年数量曾达 1.4 万只，2019 年下降为 3500 只。中国甘肃省濒危动物保护中心于 1988 年从国外引入了高鼻羚羊，在武威东沙窝地区进行人工繁育，其种群数量已经达到近百只。

◆ **濒危原因**

造成高鼻羚羊濒危的原因主要有狩猎过度、偷猎、日趋严重的干旱、人类活动增加、过度放牧、开垦农田等导致生存环境不断恶化，季节迁徙路线常被人为阻断，天敌和疾病等。

◆ **保护措施**

应对高鼻羚羊采取以下保护措施：打击偷猎及高鼻羚羊角非法贸易，保护和恢复栖息地，繁育扩大人工种群，进行物种重引入，恢复野生种群。

鹅喉羚

鹅喉羚是哺乳纲偶蹄目牛科瞪羚属的一种。又称长尾黄羊。

◆ **地理分布**

鹅喉羚在中国分布于内蒙古、甘肃、青海、新疆、宁夏等地。国际上分布于蒙古国、俄罗斯等国。

◆ **形态特征**

鹅喉羚的成体体长 90 ～ 126 厘米，肩高 52 ～ 80 厘米，尾长10 ～ 23 厘米，在中国分布的几种羚羊中，其尾部最长。雄性体重22 ～ 40 千克，雌性体重 18 ～ 33 千克。背部、四肢外侧、头颈部黄棕色，喉部、耳内、腹部、四肢内侧及臀部白色，尾背面黑棕色。在奔跑时尾部竖起。雄羚具角，角上有明显的棱环，棱数随着年龄而增长；雌性无角。处于发情期时，雄性鹅喉羚喉部软骨膨大，状如鹅喉，故得名"鹅喉羚"。

◆ **生物学习性**

鹅喉羚对炎热、严寒和干旱的生存条件具有很强的忍耐力，栖息于

鹅喉羚

沙漠和半沙漠地区，主要活动于地势平坦、低坡位、远离人为干扰的区域。昼间活动，常结成几只至几十只的小群，雄性单独或成小群活动。夏季主要在清晨和下午觅食，喜食植物随季节发生变化，主要以藜科和禾本科植物为食，也吃灌木的树枝和嫩叶，偏爱蛋白质和水分含量高的食物。

◆ **生活史特征**

鹅喉羚在冬季发情交配，怀孕期约半年，每胎产 1 ～ 2 仔，幼仔一般 1.5 岁性成熟，寿命约 10 年。

◆ **种群动态**

由于人类活动的影响，全球范围内的鹅喉羚种群数量急剧减少，格鲁吉亚、亚美尼亚和科威特等地的野生鹅喉羚已经灭绝。中国经过 20 多年的保护，新疆地区的鹅喉羚种群数量有恢复的趋势，国家林业局（今国家林业和草原局）主编的《中国重点陆生野生动物资源调查》显示中国鹅喉羚约有 19 万头。

◆ **濒危原因**

开发牧业、开垦农田、扩大工业区和居民点等人为活动侵占了鹅喉羚的栖息地，矿产资源开发及其带来的污染导致鹅喉羚的栖息地减少，质量下降；因药用价值和被作为收藏品而遭到人类的过度捕猎，导致其数量减少濒临灭绝；野外冬季严酷的环境导致食物短缺，也引发了鹅喉羚的大量死亡。

◆ **保护措施**

鹅喉羚在中国被列为国家二级保护野生动物，且被世界自然保护联盟（IUCN）2013 年濒危物种红色名录列为濒危（EN）等级物种，还被列入《濒危野生动植物种国际贸易公约》（CITES）附录一中。

瞪 羚

瞪羚是哺乳纲偶蹄目牛科瞪羚属的一种。别称小羚羊。除该属外，具有类似体形的原羚属的种类也常被一并称为瞪羚，如中国的普氏原羚、蒙古原羚（即黄羊）和藏原羚。

◆ **地理分布**

瞪羚广泛分布在亚洲和非洲的草原地带。

◆ **形态特征**

瞪羚的体形较其他羚羊类略偏小，匀称而矫健，背、侧部一般为浅或深的褐色，腹部白色。尾短。若雌雄都有角，雄性的角比雌性的要发达的多；或仅雄性有角。

◆ **生物学习性**

瞪羚广泛栖息于亚洲和非洲从热带到寒温带、从低海拔到高海拔的草原地带。群居，可形成上万头的季节性集群。雄性具有领域性，发情期彼此间常为争偶打斗。植食性，取食各种草类、灌木叶等。极善奔跑，最快可达近 100 千米 / 小时。从幼仔到成年，除人之外，狮、豹、鬣狗、狼、大型鹰雕、蟒蛇等都是其天敌。

◆ **生活史特征**

瞪羚每年 1 ～ 2 胎，每胎 1 ～ 2 仔。

◆ **种群动态**

历史上各瞪羚种类均有过数量丰富的时期，如蒙古原羚数量就曾高达 200 万只。现在各种类间数量差别极大，有的如也门瞪羚已经灭绝，有的如濒危的普氏原羚不到 1000 余只，有的如汤姆森瞪羚仍有几十万只。由于人类猎捕和栖息地减少，瞪羚数量一般都在持续减少。

◆ **保护措施**

对瞪羚的保护措施视其数量和濒危情形，因种而异。在中国有分

瞪羚

雄瞪羚

布的藏原羚、蒙古原羚、普氏原羚和鹅喉羚均为国家一级或二级保护野生动物。居氏瞪羚和细角瞪羚为《濒危野生动植物种国际贸易公约》（CITES）附录一中的管制物种。

奇蹄目

野　驴

野驴是哺乳纲奇蹄目马科马属的一种。

野驴是草食性野生动物，分为亚洲野驴和非洲野驴。野驴强壮，耐力好，既能耐冷耐热又能耐饥耐渴，步伐稳健，视觉、听觉、嗅觉均敏锐，尤其是视觉和听觉更发达。

◆ 起源和分布

非洲野驴是现代家驴的祖先。分布在非洲东北部，沿红海边境的荒凉地带及热带草原地区，包括埃塞俄比亚、索马里、肯尼亚等地及非洲南部的赞比亚、安哥拉、莫桑比克等地。根据其来源，可分为努比亚野驴和索马里野驴。努比亚野驴远在八九千年以前的新石器时代就开始被驯化成为家

野驴

驴，分布于非洲尼罗河上游，埃塞俄比亚高原南部的努比亚沙漠地区；索马里野驴分布于努比亚沙漠的东南及埃塞俄比亚高原的东南和索马里

西部。亚洲野驴又称骞驴，分布于中国西部等地的沙漠和干旱的草原上。亚洲野驴现有 3 个野生种：库兰驴，又称蒙古野驴，广泛分布于阿尔泰山南北，北部在蒙古国和俄罗斯贝加尔湖地区、中亚细亚地区，南部在中国新疆维吾尔自治区、内蒙古自治区、甘肃省西部干旱草原上；康驴，又称西藏野驴，分布于尼泊尔、印度，以及中国的西藏自治区和青海省地区；奥纳格尔驴，又称伊朗驴，分布于印度、伊朗、阿富汗等地，并与库兰驴南部分布区相连。

◆ **生物学习性**

亚洲野驴体躯可长达 260 厘米，肩高约 120 厘米，头短而宽，四肢较短，蹄高。鬣毛短而直立，尾较长。毛色多为淡黄色或灰色，唇、耳、四肢内侧、腹下为白色，背线细长，为黑褐色，斑纹不明显。由于亚洲野驴体形介于马和驴之间，故又称为半驴或半野驴。体色随季节发生显著变化，夏季为红棕色，冬季变成黄褐色。非洲野驴体长 200 ~ 220 厘米，体高 110 ~ 140 厘米，四肢更加细小，耳长，尾毛较多。颈鬣毛发比较短，毛色为青色或铁青色，肩纹及背线明显，四肢有横斑。

◆ **种群动态**

根据国际自然保护联盟（IUCN）列出，野驴均处于不同程度的衰落状态。亚洲野驴现存亚种中，蒙古野驴是所有亚种中野生种群数量最大的；印度野驴从 20 世纪 60 年代开始，野生种群数量呈上升趋势，数量上仅次于蒙古野驴；土库曼野驴野外种群是亚洲野驴最大的人工种群；波斯野驴野生种群，仅存在于伊朗的保护区。非洲野驴的索马里亚种在埃塞俄比亚的北部地区和索马里的北部地区有分布，努比亚亚种在埃塞俄比亚厄立特里亚的东部地区和苏丹的东部红海山地区有分布。

食肉目

猎　豹

猎豹是哺乳纲食肉目猫科猎豹属的一种。是猫科动物中唯一无法伸缩爪子的物种。又称印度豹。

◆ 地理分布

猎豹大多分布在非洲撒哈拉沙漠以南，少部分分布在亚洲西部。

◆ 形态特征

猎豹的四肢细长，趾爪较直，不同于其他猫科动物，不能将爪缩进掌垫之间。头小，短嘴，宽鼻，视力极好，口鼻两侧有明显的黑色泪线。黄色毛皮上的黑色斑点是实心圆，胸腹部为白色，尾巴越靠近尾部条纹越明显，尾端为全白色。

◆ 生物学习性

同其他猫科动物不同，猎豹依靠速度来捕猎，而非偷袭或群体攻击，

成年猎豹

猎豹幼仔

羚羊为其主要食物。全速奔驰的猎豹，时速可达 113 千米，是陆地上奔跑最快的动物。常栖息于有丛林或疏林的干燥地区，平时独居，仅在交配季节成对，也有由雌性带领 4～5 只幼仔的群体。雌性 1 胎产 2～5 仔。野生猎豹平均寿命为 8～10 年，超过 12 年的极为罕见。

◆ 濒危原因

猎豹在非洲广大土地上自由迁徙，包括北非、撒哈拉、东非和南非，但是适合繁衍的族群已经不到一半。近亲交配现象相当严重，且此现象已至少持续了 1 万年。两只相隔几千千米远的猎豹，基因却极为相似，这是非常不利于生存的。数量的衰退显示，这些还存活的猎豹来自范围小而变化有限的基因库。猎豹皮一度是毛皮市场的热门商品，加剧了人类对它们的捕杀。由于栖息地不断丧失及猎物种类的衰减，猎豹数量持续减少。同时与其他大型猎食动物，如狮子、鬣狗的竞争日趋严厉，无法保卫自己赖以维生的领域。现存猎豹仍有很大比例生活在保护区之外，面对与人类的巨大冲突。现今只有两个比较好的保护区：南非的纳米比亚、博茨瓦纳和东非的肯亚、坦桑尼亚。猎豹种群恢复最大的希望来自相对自然的纳米比亚，但即使如此，猎豹的数量仍锐减一半。

◆ 保护措施

猎豹被列入《濒危野生动植物种国际贸易公约》（CITES）附录一中，被世界自然保护联盟（IUCN）列为濒危等级物种。人们开始人工养殖猎豹，在一些野生动物园里面也养殖并繁殖猎豹，猎豹皮的国际贸易也已被禁止。

长鼻目

亚洲象

亚洲象是哺乳纲长鼻目象科亚洲象属的一种。

◆ **地理分布**

亚洲象在中国仅分布在云南西双版纳、临沧和普洱。国际上主要分布于南亚和东南亚，包括印度、斯里兰卡、缅甸、泰国、老挝、越南、柬埔寨和马来西亚等国。

◆ **形态特征**

亚洲象成年雄性平均肩高2.75米，平均体重4吨；雌性平均肩高2.4米，平均体重2.7吨。全身深灰色或棕色，躯干部、耳朵和颈部皮肤有褪色现象，体表有毛发。头盖骨很厚，头骨内部呈蜂窝状，可有效减轻颈部的负担。前额左右有两大块隆起，俗称"智慧瘤"，站立时最高点位于头顶，大脑可重达4千克，堪称现存陆生动物之最，具有复杂的脑皮层且记忆尤为发达。耳大，有丰富的血管，顶端有毛刷，褶皱很多，常用次声波联络。背部向上弓起，四肢粗壮，几乎垂直于地面，四足均具5趾，前足通常为5枚趾甲，后足通常为4枚趾甲。象鼻是鼻子和上唇的延长体，鼻孔位于其末端，顶端有一指状突起，上有丰富的神经细胞。狭义上的象牙是指第二对上门齿突出口外，雄象的门齿较雌象更发达，可长出唇外，而雌象的门齿一般短且不外露。和人类一样，象一生也有2套牙齿，即1套乳齿和1套恒齿，各12枚。乳齿与恒齿分别包括3组乳前臼齿与3组臼齿——象口中同时通常只有4枚颊齿（俗称"磨牙"），伴随年龄增长，靠前的颊齿经历磨损，逐渐被从后方萌出的新生颊齿替换。前三枚颊齿通常在 10 岁左右的即磨损殆尽，最后一枚颊齿约在 40 岁萌出，直至死亡。

◆ **生物学习性**

亚洲象主要栖息于稀树草原、热带常绿林、落叶林和热带旱生林等地，除此之外，在耕地、次生林和灌木丛也有出没；常在海拔 1000 米以下地区活动，但也会出现在海拔超过 3000 米的地区。以植物的嫩叶、树叶、茎秆为食，食谱较广，包括芭蕉科、禾本科等 10 余科 100 多种植物，成年个体每天需要 150 千克的植物性食物。

亚洲象喜群居，每群数头乃至数十头不等，由一头成年雌象作为群体的首领带着活动。雄象在成年后离群生活，除发情期外通常单独活动。象群没有固定的住所，活动范围很广，活动高峰期一般在早晨和黄昏。

◆ **生活史特征**

亚洲象群体 　　　　　　　　　　　　亚洲象个体

亚洲象的繁殖率较低，5 ～ 6 年繁殖 1 次，孕期为 18 ～ 22 个月，每胎一般只产 1 仔，幼仔体重一般 100 千克左右，出生后由母象和象群中其他雌性成员一同照顾，幼仔的哺乳期大约需要 2 年，雄象在

10 ～ 17 岁时达到性成熟，雌象在 9 ～ 12 岁时性成熟。平均寿命可达 60 岁。

◆ 濒危原因

造成亚洲象濒危的原因主要有：栖息地退化、碎片化，人象冲突，盗猎，非法象牙贸易。

◆ 保护措施

亚洲象在中国《国家重点保护野生动物名录》中被列为

亚洲象幼仔

国家一级保护野生动物，被世界自然保护联盟（IUCN）列入 2012 年濒危物种红色名录，还被列入《濒危野生动植物种国际贸易公约》（CITES）附录一中。

第4章

鱼类

高度洄游鱼类

长鳍金枪鱼

长鳍金枪鱼是硬骨鱼纲鲈形目鲭科金枪鱼属的一种。大洋中上层洄游性鱼类。

◆ 地理分布

长鳍金枪鱼在世界热带和温带大洋（包括地中海）北纬50°～南纬30°海域除北纬10°～南纬10°表层海域外，均有分布。

◆ 形态特征

长鳍金枪鱼体纺锤形，强大，粗壮，体形较小，个体大小在鲣和黄鳍金枪鱼之间。体最高点位于第二背鳍稍前部，比其他种类金枪鱼更靠后。第一鳃弓鳃耙25～31。第二背鳍明显低于第一背鳍。胸鳍很长，几达第二背小鳍下方，胸鳍长越占叉长的30%。幼鱼胸鳍短，不达第二背鳍起点。第一背鳍深黄色，第二背鳍和臀鳍淡黄色，臀小鳍黑色，尾鳍后缘白色。肝脏中叶等于或长于肝左叶或右叶，肝脏腹部表面有辐射纹。有鳔（小于50厘米的个体不明显）。椎骨18+21。

◆ **生物学习性**

长鳍金枪鱼为快速游泳的温带大洋性中上层鱼类。主要活跃于温层下方水域，栖息深度可达 600 米。常出现水域温度在 17 ～ 21℃（最低 9.5℃），常因水体温度改变而有垂直分布现象。具高度洄游性，喜集群。捕食鱼类、头足类和甲壳类，其中鱼类以洄游性小型鱼类，如鲭等为主。长鳍金枪鱼有 6 个种群，即北太平洋、南太平洋、北大西洋、南大西洋、地中海和印度洋长鳍金枪鱼群体。

◆ **生活史特征**

长鳍金枪鱼最高年龄可达 15 岁。2 ～ 5 龄性成熟，相应体长为 75 ～ 90 厘米，体重 8 ～ 15 千克。性成熟的长鳍金枪鱼春夏季在热带和亚热带（赤道南北 10°～ 25°10′）水域产卵。未成熟的长鳍金枪鱼（2 ～ 5 龄以下）比一般的成年长鳍金枪鱼更具洄游性。太平洋海域长鳍金枪鱼的洄游、分布受海况影响较大，尤其是受海洋锋面的影响较大。长鳍金枪鱼幼鱼常在温带水域（表温 15 ～ 18℃）集群，在大西洋和印度洋水域亚热带辐合区北部边缘呈连续分布，洄游可跨越养护大西洋金枪鱼国际委员会（ICCAT）和印度洋金枪鱼委员会（IOTC）管辖区的边界。

◆ **经济价值**

长鳍金枪鱼主要用于制作金枪鱼罐头，其市场主要在欧美等地。

大眼金枪鱼

大眼金枪鱼是硬骨鱼纲鲈形目鲭科金枪鱼属的一种。又称肥壮金枪鱼。

◆ **地理分布**

大眼金枪鱼分布于大西洋、印度洋和太平洋的热带和亚热带水域，属于高度洄游种群，地中海没有分布。中国的南海和台湾沿海均有分布。

◆ **形态特征**

大眼金枪鱼体纺锤形，强大。体最高处位于第一背鳍基中部。第一鳃弓鳃耙 23～31。叉长超过 110 厘米的大个体的胸鳍稍长，达叉长的 22%～31%；但小个体的胸鳍很长，似长鳍金枪鱼。体背部深蓝色，腹部白色；第一背鳍深黄色，第二背鳍和臀鳍淡黄色，小鳍鲜黄色，边缘黑色。叉长超过 30 厘米的个体，肝脏腹部表面有辐射纹，肝中叶等于或长于肝左叶或右叶。有鳔。椎骨 18+21。

◆ **生物学习性**

大眼金枪鱼属热带大洋性中上层鱼类，游泳速度快，具有高度洄游特性，喜集群。大眼金枪鱼会自由集群或随流木集群，其幼鱼常与黄鳍金枪鱼幼鱼和鲣鱼一起集群，幼鱼和产卵成鱼出现在赤道海域及高纬度海域。捕食鱼类、头足类和甲壳类。性成熟年龄 3 龄，最高年龄 10～15 龄。最大叉长超过 200 厘米。

◆ **生活史特征**

大眼金枪鱼于 3～4 龄、体长 90～100 厘米时性成熟。大眼金枪鱼繁殖力强，热带及夏季亚热带和温带水域孵出的鱼卵大部分随海流被携带到热带和亚热带水域，还有部分则洄游到温带水域索饵，当水温合适时便产卵。在印度洋，鱼群沿赤道在东西方向上成密集的带状分布，几乎都是产卵群体。

◆ **经济价值**

大眼金枪鱼个体较大，价值也较其他金枪鱼种类高，主要用于加工制作金枪鱼生鱼片，价格较高，仅次于蓝鳍金枪鱼。

舵 鲣

舵鲣是硬骨鱼纲鲈形目鲭科舵鲣属的一种。舵鲣分布于世界各大洋温带和热带海区。中国分布于黄海、东海和南海。

舵鲣体呈纺锤形。尾柄细而强，两侧各具 1 条中央隆起嵴及 2 条小的侧隆起嵴。头锥形。吻短而尖。口中等大。上下颌约相等，各具细小而尖锐细齿 1 列，犁骨有时有数枚细齿，腭骨和舌上无齿。鳃耙细长，数较多，鳃盖条 7。体除胸甲外均裸露无鳞。幽门垂细长。脊椎骨 39，背鳍 2 个，分离远，第一背鳍较大，近似三角形，第二背鳍与臀鳍均较小，后方各有 7 ～ 8 小鳍。胸鳍和腹鳍较小，腹鳍间突甚大，与腹鳍同大，腹鳍折叠时可藏于其下方。尾鳍新月形。

舵鲣是大洋性和近海中上层鱼类，具有较强的集群行为，具洄游习性。主要摄食鱼类、头足类和甲壳类等。

溯河洄游鱼类

中华鲟

中华鲟是硬骨鱼纲鲟形目鲟科鲟属的一种。又称鲟鲨、大腊子。中国特有种。中国国家一级保护野生动物。

◆ 地理分布

中华鲟曾广泛分布于中国近海以及长江、珠江等一些大型江河中，后仅长江中下游及近海水域尚有发现，其他江河中已经绝迹。

◆ 形态特征

中华鲟的体梭形，略呈三角形，躯干横切呈五角形。头较大，呈长三角形。吻端锥形，两侧边缘圆形，吻长占头长的 70% 以下，分布有梅花状感觉器官；吻须 2 对，近口端。鼻孔大，位于眼前方。口大，下位，横裂。背鳍 1 个，后缘凹入，背鳍条数多于 44。尾鳍歪形，上叶发达，上缘有 1 纵行棘状硬鳞。全身被以 5 列骨板状大硬鳞。幼鱼皮肤光滑，成鱼皮肤粗糙。头部和体背侧呈青灰色或褐色，腹部呈白色，各鳍均为青灰色，侧、腹板间的侧板下方体色有过渡区。鳃盖膜与峡部相连，左右鳃孔分离。鳃耙细尖，数少于 30。

◆ 生物学习性

中华鲟生活于大江和近海中，是大型江海洄游性底层鱼类，最长寿命达 40 龄，最大个体体重 560 千克。由海入江，喜聚于河口。杂食性，以动物性的食物为主，如摇蚊幼虫、蜻蜓幼虫及其他水生昆虫、软体动物、寡毛类、小鱼和藻类等。产卵期一般停食。在长江，早期幼鲟的主要食物是摇蚊幼体和寡毛类；已到达长江下游的幼鲟主要以虾、蟹类为食；长江口的幼鲟主要以底栖鱼类为食，其次是植物性食物。成鱼栖息于近海水域，性成熟后洄游至江河上游产卵繁殖。幼鱼随江河而下，次年 5～6 月间抵达河口进行生理调节、索饵育肥，8～9 月入海生活直至性成熟后进行溯河生殖洄游，溯江而上，其间停止摄食，于次年 10～11 月份到达长江上游和金沙江下游。

◆ **生活史特征**

中华鲟生长较快，年平均增重 8～13 千克（雌）或 4.6～8.6 千克（雄）。长江中华鲟雄鱼可达 2.5 米长、150 千克以上，雌鱼可达 4 米长、350 千克以上。最大个体重达 500 千克以上。雌性初次性成熟年龄 14～26 龄，雄性 8～18 龄。间隔繁殖周期 2～5 年。繁殖季节为 10～11 月份，水温 16～20℃。成熟中华鲟群体秋末于 10～11 月溯江河而上，在江河上游进行生殖。长江流域中华鲟的产卵场位于上游重庆以上江段的深潭和金沙江下游（葛洲坝截流前）或

人工培育的中华鲟

葛洲坝下（葛洲坝截流后）水流湍急、河床岩石壅积处。2013～2016 年底，未监测到葛洲坝下中华鲟的自然繁殖。怀卵量 47.5 万～144.5 万粒。卵沉性，椭圆形，灰绿色，具黏性。受精卵在 17～18℃ 水温下 5～6 天孵化。

◆ **养殖**

中华鲟曾是大型经济鱼类之一，但由于过度捕捞已成为濒危物种，1984 年起，中国禁捕中华鲟；1988 年，中华鲟被列为国家一级保护野生动物，在全国实施禁捕。中华鲟已实现了人工繁殖。中国法律法规禁

止其商业开发利用。

俄罗斯鲟

俄罗斯鲟是硬骨鱼纲鲟形目鲟科鲟属的一种。

◆ 地理分布

俄罗斯鲟分布于里海、亚速海和黑海地区，涉及俄罗斯、伊朗等众多国家，其捕捞产量曾经位居世界鲟鱼榜首。

◆ 形态特征

俄罗斯鲟的头部有喷水孔。吻端锥形，两侧边缘圆形，吻长占头长的 70% 以下。口呈水平位，开口朝下。吻须圆形，2 对。背鳍条数通常少于 44。全身被以 5 列骨板，背骨板与侧骨板间常有星状小骨片。体色变化较大，背部呈灰黑色、浅绿色或墨绿色，腹部呈灰色或浅黄色。幼鱼背部呈蓝色，腹部呈白色。

◆ 生物学习性

俄罗斯鲟溯河洄游，一般始于早春，在夏季达到高峰，结束于秋末。在伏尔加河，俄罗斯鲟的产卵洄游始于 3 月末或 4 月初，此时水温 1～4℃。随着水温和入海水量的增高，产卵洄游活动加剧，6～7 月达高峰。当水温降至 6～8℃ 时产卵洄游逐渐减少，至 11 月基本停止。

江苏南通饲养的俄罗斯鲟

俄罗斯鲟主食软体动物等无脊椎动物，也摄食虾、蟹等甲壳类及鱼类。

◆ 生活史特征

不同流域的俄罗斯鲟生长、繁殖特性差异较大。在亚速海生长最快，2 龄鱼体重达 2 千克，10 龄鱼 12 千克，25 龄鱼 70 千克。雌性初次性成熟年龄一般 12 ～ 16 龄，雄性一般 11 ～ 13 龄。产卵时间可分为早春型和冬季型。

◆ 养殖

除俄罗斯、伊朗两个鲟鱼养殖大国外，俄罗斯鲟已引种到许多国家人工养殖。中国也有养殖，产量约占全国鲟鱼总产量的 10%。

青海湖裸鲤

青海湖裸鲤是硬骨鱼纲鲤形目鲤科裸鲤属的一种。

◆ 地理分布

青海湖裸鲤为冷水性鱼类。中国特有鱼类，是青海湖中唯一的经济鱼类。主要分布在青海湖及其支流中。

◆ 形态特征

青海湖裸鲤的体长形，稍侧扁。头锥形。口近端位或亚下位，呈马蹄形。上颌略微突出，下颌前缘无锐利角质。唇狭窄，唇后沟中断。无须。身体裸露无鳞，除臀鳞外，在肩带部分有 2 或 3 行不规则的鳞片。侧线平直，侧线鳞前端退化成皮褶状，后段更不明显。背鳍具发达而后缘带有锯齿的硬刺。体背部黄褐色或灰褐色，腹部浅黄色或灰白色，体侧有大型不规则的块状暗斑；各鳍均带浅红色，但无斑点。背鳍 7（6 ～ 9），臀鳍 5。第一鳃弓鳃耙数外侧 13 ～ 45，内侧 24 ～ 48。鳔两室，后室为前室长的 1.69 ～ 3.34 倍。下咽齿两行。

◆ **生物学习性**

青海湖裸鲤的个体较大，生长缓慢，产卵量小。青海湖裸鲤生长非常缓慢，体重 500 克的个体需要生长 11 ～ 12 年。雌、雄个体差异显著。青海湖裸鲤是广谱杂食性鱼类，在其生长发育过程中存在食性转变，幼鱼阶段对饵料有较为明显的选择性，主要摄食浮游动物，成鱼几乎摄食水体中所有的生物性食物，这与青海湖贫乏的饵料生物资源环境相适应。青海湖裸鲤在进行洄游产卵时摄食量大为下降，甚至有较短时间会停止摄食。青海湖裸鲤具溯河洄游繁殖习性。在青海

青海湖裸鲤

湖咸淡水环境中生长，繁殖季节洄游到布哈河、沙柳河和黑马河等淡水支流中，以沙砾底质为主、水流缓慢、pH 为 7.2 ～ 8.2、水温为 6.2 ～ 17℃ 的水域产卵。繁殖期在 4 ～ 7 月，从 5 月中下旬陆续开始溯河，产卵盛期在 6 月中旬左右。各河流中繁殖群体性比（雄：雌）分别为：沙柳河 0.69：1，布哈河 2.50：1，黑马河 1.63：1。

◆ **生活史特征**

青海湖裸鲤性腺每年成熟 1 次，以Ⅳ期卵巢越冬，卵母细胞同步发育成熟，分批产卵。Ⅳ期末卵巢卵粒直径平均为 2.33 毫米。个体性成熟期较晚，一般 3 ～ 4 龄达性成熟，繁殖力低。21 世纪初调查显示，

青海湖裸鲤绝对繁殖力平均为4338粒，相对繁殖力平均为27.09粒/克，较20世纪60年代均有明显下降。

◆ **资源养护**

青海湖裸鲤是高原地区的特有鱼类，因青海湖水温偏低、饵料贫乏，生长非常缓慢，资源更替能力低。青海湖裸鲤作为青海湖中唯一的经济鱼类，既是青海湖渔业资源产量主要物种来源，也是维持青海湖生态系统"鱼鸟共生"生态平衡的重要物种，还是青海湖地区渔业管理的主要目标鱼种。

在经历20世纪60年代初的高强度无序捕捞导致青海湖裸鲤资源急剧衰退后，中国在1963年对捕捞网具进行了限制，停止了部分网具的捕捞作业，冬季全部禁捕，并加强了产卵场的保护和管理，但资源量仍一直维持较低水平并持续下降。从80年代开始，青海省政府为有效保护青海湖渔业资源，已采取禁渔制度、人工增殖放流、修建过鱼设施、建立青海湖裸鲤救护中心和青海湖国家级保护区等一系列措施缓解青海湖裸鲤资源衰减的趋势。

降河洄游鱼类

花鳗鲡

花鳗鲡是硬骨鱼纲鳗鲡目鳗鲡科鳗鲡属的一种。又称大鳗、鲈鳗、花鳗、雪鳗、鳝王、乌耳鳗、芦鳗、溪鳗。

◆ **地理分布**

花鳗鲡分布于太平洋－印度洋的中低纬度水域及其通海河流，北达朝鲜及日本南部，西达东非，东达南太平洋的波利尼西亚群岛，南达澳大利亚南部。中国长江下游及以南的浙江、福建、台湾、广东、海南岛及广西等沿海及江河均有分布。

◆ **形态特征**

花鳗鲡的身体粗壮、延长，前段呈圆柱形，肛门后的尾部稍侧扁。头较长，圆锥形。吻较短。唇较厚，上下唇两侧有肉质的褶膜。口较宽，口裂稍微倾斜，后延可以到达眼后缘的下方。舌长而尖，前端游离。上颌尖而平扁，下颌突出较为明显。上下颌及犁骨上均具细尖齿，排列成带状。眼睛较小，位于头的侧上方，为透明的被膜所覆盖。鼻孔有两对，前、后分离，前鼻孔呈管状，位于吻端的两侧；后鼻孔呈椭圆形，位于眼睛的前缘。鳃发达，鳃孔较小而平直。

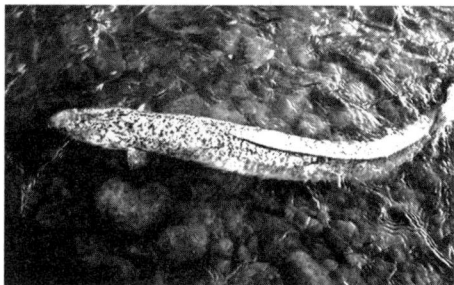

花鳗鲡

体表光滑，黏液腺发达。背鳍、臀鳍均低而延长，并与尾鳍相连。胸鳍较短，紧贴于鳃孔后方。没有腹鳍。肛门靠近臀鳍的起点。尾鳍的鳍条较短，末端较尖。鳞片细小，互相垂直交叉，呈席纹状，埋藏于皮肤下面。身体背部为灰褐色，侧面为灰黄色，腹面为灰白色。胸鳍的边缘呈黄色，全身及各个鳍上均有不规则的灰黑色或蓝绿色的块状斑点。

◆ **生物学习性**

花鳗鲡为典型的降河洄游产卵鱼类，其产卵场约位于菲律宾南部、印度尼西亚和巴布亚新几内亚东部的深海区域。夏季刚孵化出的幼体呈透明的柳叶状，称为柳叶鳗。柳叶鳗随北赤道洋流和黑潮暖流等海流，经过几个月的漂流至大陆架，在沿岸变态成白色透明的细长鳗苗，称为玻璃鳗。玻璃鳗于第二年春季接近河口水域，变成体表有黑色斑点的线鳗。线鳗洄游进入淡水河流以后，栖居于江河、沼泽、湖泊、水库等水体，常隐居在近岸洞穴中，昼伏夜出，有时还可以上到陆地，经潮湿处移到附近其他水体。花鳗鲡为肉食性鱼类，性情凶猛，体壮而有力，常以小鱼、虾、蟹、贝类、水生昆虫和沙蚕等为食。成年后，在秋季由江河的淡水区域逐渐向下游聚集，过河口后入海，在长途迁移途中逐渐性成熟，第二年夏季返回产卵场产卵后即死亡。

◆ **资源概况**

花鳗鲡为珍稀名贵海洋洄游性鱼类，是中国国家二级保护野生动物。最早由法国科学家于 1824 年在印度尼西亚卫吉岛采集的标本定名，因体表呈大理石般色彩而得名。花鳗鲡是鳗鲡属中体形较大的一种，成鳗体长雄性可达 70 厘米，雌性可达 200 厘米，体重可达 20.5 千克。肉味鲜美，营养价值与日本鳗鲡相似，但价格更为昂贵，历来被视为上等滋补食品。早年在中国浙江至广西等地沿海常有捕获，是具有重要经济价值的名贵鱼类。至 2022 年，除中国台湾地区及海南沿海以外，已比较少见。已有试验性人工养殖，但鳗苗完全靠天然采捕。

日本鳗鲡

日本鳗鲡是硬骨鱼纲鳗鲡目鳗鲡科鳗鲡属的一种。降河性洄游鱼类。俗称白鳝、青鳝、鳗鱼、白鳗。

◆ 地理分布

日本鳗鲡广泛分布于亚洲大陆、马来半岛、朝鲜、日本及菲律宾群岛等地的淡水溪流中。中国主要分布在黄河、长江、闽江、韩江及珠江等流域，海南岛、台湾地区和东北地区也有分布。

◆ 形态特征

日本鳗鲡的体鳗形，前部近圆筒状，后部侧扁。吻短钝而平扁。前鼻孔近于吻端，短管状；后鼻孔位于眼前方，不呈管状。眼位于头前部，中等大小，眼间隔约等于眼径。两颌骨均具细齿。鳃孔狭窄。体无鳞，鳞片退化埋于皮下，如有时为细小圆鳞。侧线完全。体上多黏液。鳍无硬刺或棘；一般无腹鳍；背鳍及臀鳍均长，一般在后部相连续。体上部呈黑绿色，腹部呈灰白色。脊椎骨数多，可多达 260 个。

日本鳗鲡仔鱼身体高、薄又透明像片叶子，故称柳叶鱼。因体液几乎和海水一样，可以很省力地随着洋流长距离从产卵场漂回黑潮海流再流回大陆淡水，其间需半年之久，在抵达岸边前一个月开始变态为身体细长透明的鳗线，又称玻璃鱼。每年 12 月至来年 1 月间，有渔民在河口附近海岸用手叉网捕捞溯河的鳗线卖给养殖户。养殖户在买回去放养后鳗线会慢慢有色泽出现，变成黄色的幼鳗和银色的成鳗。自然条件下，可捕到的鳗鲡最大个体体长可达 45 厘米，体重达 1.6 千克。

◆ 生物学习性

日本鳗鲡原产于海中，溯河到淡水内长大，后洄游到海中产卵。每年春季，大批幼鳗（又称白仔、鳗线）成群自大海进入江河口。雄鳗通常在江河口成长，而雌鳗则逆水上溯进入江河的干、支流和与江河相通的湖泊，有的甚至跋涉几千千米到达江河的上游各水系。它们在江河湖泊中生长、发育，往往昼伏夜出，喜欢流水、弱光、穴居，具有很强的溯水能力，其潜逃能力也很强。到达性成熟年龄的个体，在秋季又大批降河，游至江河口与雄鳗会合后，继续游至海洋中进行繁殖。鳗鲡能用皮肤呼吸，有时离开水，只要皮肤保持潮湿，就不会死亡。常在夜间捕食，食物中有小鱼、蟹、虾、甲壳动物和水生昆虫，也食动物腐败尸体，更有部分个体的食物中发现有高等植物碎屑。在人工养殖条件下，能摄食人工配合饲料。

◆ 生活史特征

日本鳗鲡在陆地的河川中生长，成熟后洄游到海洋中产卵地产卵，一生只产一次卵，产卵后就死亡。这种生活模式，与鲑鱼的溯河洄游性相反，称为降河洄游性。其生活史分为 6 个不同的发育阶段，为适应不同环境，不同阶段都有很大的改变。①卵期。位于深海产卵地。②柳叶鳗。在大洋随洋流长距离漂游。③玻璃鳗。在接近沿岸水域时，身体转变成流线形，减少阻力，以脱离强劲洋流。④鳗线。进入河口水域时，开始出现黑色素，也是养殖业捕捉的鳗苗。⑤黄鳗（yellow eel）。在河川的成长期间，鱼腹部呈现黄色。⑥银鳗。在成熟时，鱼身转变成类似深似深海鱼的银白色，同时眼睛变大，胸鳍加宽，以适应洄游至深海产卵。

日本鳗鲡的性别是后天环境决定的。族群数量少时，雌鱼的比例会增加；族群数量多时，则雌鱼比例减少，整体比例有利于族群的增加。

◆ 养殖

中国是世界上最大的日本鳗鲡养殖国。2015 年养殖产量达 23.26 万吨，居世界第 1 位。日本鳗鲡产品出口占全国水产品出口总额的 9.63%。鳗鲡养殖总产值为 80 亿～ 100 亿元人民币。

松江鲈

松江鲈是硬骨鱼纲鲉形目杜父鱼科松江鲈属的一种。俗称四鳃鲈、花鼓鱼、花花娘子、松江鲈鱼。

◆ 地理分布

松江鲈在中国分布于黄、渤海和东海，北起辽宁鸭绿江口，南抵福建闽江口，沿岸各河流及河口均有分布。进入内陆水系者以上海松江最为著名。

◆ 形态特征

松江鲈的体延长，前部平扁，向后渐细。头大而宽平，棘、棱为皮所盖。吻宽而圆钝。眼小，眼间隔宽而凹入。鼻孔每侧 2 个，均有短管状突起。口大，端位。上下颌、犁骨及腭骨均具绒毛状牙带。舌宽厚。鳃孔宽大，鳃盖膜连于峡部。鳃耙退化为粒状突起。前鳃盖骨具 4 棘，鳃盖骨具 1 低棱，端部扁而钝。背鳍 1 个，鳍棘部与鳍条部之间具缺刻。臀鳍与背鳍鳍条部相对，同形。胸鳍大，圆形。腹鳍胸位。尾鳍圆截形。体被粒状和细刺状皮质突起。侧线平直，黏液管 37。体黄褐色，体侧具暗色横带5～6条。鳃盖膜和臀鳍基橘红色。背鳍鳍棘前部具一黑色大斑。头侧鳃盖膜各有2条红色斜带，似4片鳃叶外露，故有"四鳃鲈"之称。

◆ **生物学习性**

松江鲈为近海洄游小型底栖鱼类。与黄河鲤、松花江鲑和兴凯白鱼并称为中国四大淡水名鱼，尤其以松江所产最为著名，且产量较多。松江鲈栖息于近海沿岸浅水水域，以及与海相通的河川江湖中。在淡水中生长肥育，然后降海到河口附近浅海繁殖。在长江口，幼鱼在4月下旬至6月上旬溯河，12月至次年1月降海繁殖，成鱼降海与当时的气温、水温状况关系密切。松江鲈营底栖生活，白天潜伏于水底，夜间活动。松江鲈为肉食性鱼类，40毫米以下个体主要摄食枝角类，40毫米以上个体主要捕食小型鱼虾。

松江鲈

◆ **生活史特征**

淞江鲈为1龄性成熟鱼类，个体较小。幼鱼生长较快，平均体长6月达43毫米，9月为50～85毫米，12月可达120～140毫米。最大个体体长可达170毫米。降海洄游时雄鱼先启程，雌鱼稍晚，性腺均处于Ⅲ期，洄游过程中逐渐成熟。到达产卵场时雄鱼精巢发育至Ⅴ期，雌鱼卵巢发育至Ⅳ期末，发情时迅速过渡至Ⅴ期。卵黏性，结成团块状，淡黄、橘黄或橘红色，粘于产卵洞穴的顶壁上。雌鱼怀卵量

5100～12800 粒。产卵后雌鱼在 3 月、雄鱼在 4 月护卵结束，离开产卵场移向近岸索饵。长江口北侧、黄海南部的蛎牙礁是松江鲈的产卵场。

◆ 资源概况

20 世纪 60 年代以前，松江鲈具有较高天然产量；70 年代以来，随着工农业发展导致水域污染，水利设施大量兴建造成其洄游通道受阻，其补充群体不断减少，松江鲈自然资源锐减；至 80 年代初，已不能成汛；截至 21 世纪初，野生种群已基本绝迹。

为保护松江鲈的自然资源，《中国物种红色名录》将其列为濒危物种，中国将其列为国家二级保护野生动物，严禁其自然资源的捕捞和贩卖。松江鲈已成功实现人工繁殖，相关研究机构已经连续多年开展了科学的人工增殖放流，以期挽救和恢复这一濒危种质资源。

美洲鲥

美洲鲥是硬骨鱼纲鲱形目鲱科西鲱属的一种。又称白鲥、美国鲥鱼、美洲西鲱等。

◆ 地理分布

美洲鲥分布在北美洲大西洋西岸从加拿大魁北克省到美国佛罗里达州的河流和海洋中。2001 年引进中国。

◆ 形态特征

美洲鲥的体纺锤形，侧扁，背部灰黑色，略显蓝绿色金属光泽，体侧下半部和腹部呈银白色。体前近背部有 1 列 1～9 个小黑斑，腹部有棱鳞。头呈三角形，头长为全长的 22%～24%，尾柄长是尾柄高的 1.71

倍。鳃间隔游离于颊部，鳃耙细长，下鳃耙数 59 ～ 73。眼中等大小，侧前位，脂眼睑发达。眼径占头长的 27% ～ 32%，眼间距为头长的 19% ～ 22%。口端位略偏上口位，上、下颌等长或下颌略有突出，下颌的边缘向内凹入呈尖角状，可嵌合在上颌的凹槽中。下颌骨稍下凹，延伸到眼的后边缘。犁骨无齿。牙齿微小且数量很少，幼鱼仅有咽齿和上下颌齿，上下颌齿在成鱼阶段脱落。背鳍鳍条 15 ～ 19，背鳍基部占全长的 11% ～ 13%。尾鳍深叉型。臀鳍鳍条 18 ～ 24，臀鳍基部占全长的 13% ～ 14%。椎骨 51 ～ 60 枚。鳞片较大。

美洲鲥

侧线不发达，侧线鳞 50 ～ 55 片。

◆ **生物学习性**

美洲鲥是广温性和溯河产卵洄游性鱼类，可在 2 ～ 32℃ 水体生存，生长适宜水温 20 ～ 28℃。对环境变化及外界刺激有强烈应激反应，离水或操作易死，操作时用麻醉剂可减缓应激反应。成熟亲鱼每年春季溯河洄游到通海的淡水或咸淡水河流中产卵繁殖，生殖洄游始于 2 月，到 6 月初结束，以 4 月最多。最适产卵水温为 15 ～ 20℃，黄昏或夜间，在较开阔的水域，底质为泥沙、沙、泥、沙砾和大石头的水层上产卵，产卵水层深度 0.45 ～ 7.0 米。

美洲鲥为滤食性，在自然水域主要以浮游生物为食。幼苗孵出后，以桡足动物、昆虫幼体、摇蚊幼虫及其蛹和水蚤等为食。幼鱼在其出生的河流中度过第一个夏天后，秋季开始作降河洄游入海生活，并沿海岸线迁移到适宜的地方过冬。入海后主要摄食浮游生物、小甲壳类和小鱼等。人工养殖条件下可驯化摄食浮性配合饲料。

◆ **生活史特征**

美洲鲥性成熟之前每年增长约100毫米，性成熟以后生长变得缓慢。体长最大者可达760毫米，体重可达6.8千克，年龄可达11龄。雄性最小性成熟年龄为2龄，多数3～5龄成熟；雌性最小性成熟年龄为4龄，多数4～6龄成熟。雌鱼性成熟时体长为400～600毫米，绝对怀卵量15.5万～41.0万粒。

美洲鲥卵呈圆形，沉性卵，微黏性，卵直径2.5～3.8毫米，卵内有小颗粒状卵黄，浅黄色，无脂肪球。卵膜薄、透明、光滑。大部分雌鱼个体一生仅产卵一次，少部分个体可以产卵两次以上。水温11～15℃时卵孵化需要8～12天；17℃时需要孵化6～8天；14～23℃时孵化只需要3天。水温为15.5～20.6℃时孵化幼苗成活率最高，水温低于7～9℃导致卵和幼苗死亡，水温超过23.4℃时会导致幼苗畸形或死亡。孵化溶氧要求大于5毫克/升。水温20～22℃条件下，受精卵经过70～82小时孵化出膜。

◆ **养殖**

美洲鲥是北美洲著名的经济鱼类，美国等国家已突破在人工繁殖和苗种培育等方面的技术，成果主要用于增殖放流，极少开展生产性养殖。中国2001年引进美洲鲥受精卵开展孵化育苗和养殖试验，已掌握了人工繁育和养殖技术，并在广东、江苏、浙江、湖北、安徽、上海等地推广应用。

产卵洄游鱼类

大麻哈鱼

大麻哈鱼是硬骨鱼纲鲑形目鲑科大麻哈鱼属的一种。又称大马哈鱼、大发哈鱼、秋鲑等。

◆ 地理分布

大麻哈鱼分布于北纬 40°以北的太平洋水域及其沿岸河流。在俄罗斯、日本、朝鲜及北美洲北部等北太平洋沿岸河流均有分布。在中国分布于黑龙江中、上游及其支流乌苏里江，松花江，以及绥芬河和图们江等水域；上溯可达黑龙江上游支流呼玛河、乌苏里江上游松阿察河及松花江支流汤旺河、牡丹江等。

◆ 形态特征

大麻哈鱼的体长形，侧扁。头侧扁。吻突出，微弯，形如鸟喙。生殖期雄鱼吻端显著突出，弯曲如钳形，上下颌不能吻合。鼻孔 2 个，孔间具发达瓣膜。鳞细小，除头部外，周身被鳞，侧线明显。胸鳍位低，腹鳍短小。尾鳍浅叉状或内凹。海洋生活时，体色银白。溯河产卵期，体侧出现 10 ～ 12 条橙红色横斑条。雄鱼体色浓艳，斑块较大。吻端、唇部、腮部和腹部为黑色或暗苍色，臀鳍和尾鳍为灰白色。

◆ 生物学习性

大麻哈鱼为冷水性溯河洄游鱼类，即为江里生、海里长，又回原产地河流产卵繁殖的鱼类。大麻哈鱼有两个生态类群，即夏季溯河回归的夏鲑和秋季溯河回归的秋鲑，进入中国境内的仅有秋鲑。幼鱼主要摄食昆虫、桡足类和圆虫类，以摇蚊幼虫为主。在海洋生活阶段以捕食鱼类为主，溯游到淡水中的成鱼则不摄食。

◆ **生活史特征**

大麻哈鱼出生于河流中，孵化后降河入海，主要在海洋中生长发育，性成熟后溯河洄游至出生地产卵繁殖，产卵后亲鱼逐渐死去。太平洋两岸大麻哈鱼生长无明显差异，不同年份溯河洄游产卵群体的平均叉长、体长有所变动，生长速度随着年龄的增加而逐渐递减，且3龄前生长速度较快。性成熟与其各年龄段生长情况有关，性成熟年龄较小组的生长速度要快于性成熟年龄较大的组。雌雄个体间生长无显著差异。

大麻哈鱼的产卵亲鱼一般为3～5龄，以4龄为主。个体怀卵量为2800～5400粒，平均4000粒。成熟卵呈橙红色、沉性卵。卵径为5.4～7.4毫米。产卵在10～11月。产卵水温为4～14℃。产卵场多在水质清澈、水流较急、砾石底质处，水深1米左右。产卵时，雄鱼挖坑；交配后，将卵用沙石覆盖，并在卵坑周围守护；产卵后，亲鱼相继死去。溯河产卵时不摄食。一生只繁殖一次。

◆ **资源概况**

大麻哈鱼作为江海洄游鱼类，北太平洋沿岸鱼源国均进行增殖放流，以期增大或恢复资源量，保护大麻哈鱼地理种群生物多样性。1956年以来，中国先后进行了大麻哈鱼的人工繁殖、孵化、放流，增殖保护大麻哈鱼资源。21世纪初，中国首次在大麻哈鱼产卵河流进行其种群恢复和栖息地保护与修复工作，恢复河流生态和生物多样性，养护大麻哈鱼资源，对产卵场加以保护，对产卵场和洄游通道提出繁殖期禁捕的建议。

◆ **价值**

大麻哈鱼为中国珍稀溯河冷水性鱼类，连系海洋、海湾、河流和流域等生态系统，具有较高科学价值和生态意义，已被列入中国珍稀鱼类名录。大麻哈鱼为水生生物养护及其增殖放流主要物种，利用其高度溯河洄游习性增殖放流，发展海洋放牧鲑渔业，具有很高的经济效益、社会效益及生态效益。此外，大麻哈鱼是多种野生动物的食物，也是海洋与陆地物质循环的载体。保护大麻哈鱼种群资源，对生态系统平衡与稳定起重要作用。

大麻哈鱼也是名贵的大型经济鱼类，体大肥壮，肉味鲜美，营养丰富，尤其是其鱼子为上佳补品，在渔业经济中占有重要地位。肉可鲜食，也可胶制、熏制，加工罐头，都有特殊风味。盐渍鱼卵即闻名的"红鱼子"，营养价值很高，在国际市场上享有盛誉。

鲻

鲻是硬骨鱼纲鲻形目鲻科鲻属的一种。又称白眼、鲻鱼。

◆ **地理分布**

鲻广泛分布于北纬 51°至南纬 42°的热带、亚热带以及温带的海水、咸淡水，以及淡水中。中国沿海均有产。南起海南岛，北至丹东，四大海均有分布，以东海、南海种群产量较大。

◆ **形态特征**

鲻体粗壮，前端平扁，向后渐侧扁。头短宽平扁，背部平坦，两侧稍凸。腹面圆钝。眼大，外披一层厚的脂膜。鼻孔每侧 2 个，分离，前鼻孔小圆形，后鼻孔大三角形。下颌前端中央有一凸起，可嵌入上颌相对的凹陷中。牙细小成绒毛状，生于下颌边缘。鳃孔大。鳃盖膜分离不与峡部相连。无侧线。第一背鳍起点距吻端与距尾鳍基约相等；尾鳍大，叉形，后缘缺刻较深。体侧上半部有 7 条纵的黑色条纹，各条纹间有银白色的斑点。

◆ **生物学习性**

　　鲻为近岸生活的海产鱼类，喜栖息于咸淡水混合的水体和江河入口处。对环境适应力强，能在 1 ～ 35℃ 水温中，以及淡水至任意盐度的海水中生存。鲻食性广，仔鱼摄食轮虫和桡足类等。3 厘米左右的稚幼鱼开始摄食浮游硅藻和有机碎屑，并逐渐以底泥表层有机碎屑和附着性藻类为主要食物，还能刮食沉积在底

鲻

泥表层的底栖硅藻、沙蚕、多毛类、甲壳类、细菌以及腐屑质。它体形较大，资源丰富，生长迅速，当年体重可达 400 克，次年达 1 千克，最大体长可达 80 厘米，为世界各地增养殖主要对象。鲻属于半洄游性鱼类，为产卵洄游，大致分为 3 种：第一种是从湖泊向海洋中洄游；第二种是降海产卵洄游，从河流或河口向海洋洄游或者从海湾和沿岸向外海洄游；第三种是在海洋中进行产卵洄游，进行沿岸平行洄游，寻找合适的河口咸淡水水域中进行产卵。

◆ **生活史特征**

鲻性成熟年龄约为 4 龄, 黄海、渤海鲻产卵期在 12 月至翌年 2 月, 4 月下旬至 5 月上旬。

◆ **资源概况**

鲻食物链短, 饵料易解决, 性温和, 能和其他鱼虾和睦共处, 是一种优良的咸淡水养殖品种。中国鲻人工繁殖育苗水平及生产规模在国际养鲻业中占有绝对优势, 但因经济原因, 其繁殖技术未能普及推广, 与对虾、四大家鱼人工繁殖技术在中国普及推广应用程度相比, 差距很大。

◆ **价值**

鲻鱼肉质厚, 味鲜美, 营养丰富, 含蛋白质达 22%, 可加工成鱼糜、鱼丸、鱼片、鱼罐头等产品。鲻鱼卵可做鱼子酱, 卵巢干更是名贵食品。鲻鱼还有药用价值, 其鱼肉性味甘平, 有健脾益气、消食导滞等功能, 对医治脾虚、消化不良、小儿疳积及贫血等病症都有一定疗效。

索饵洄游鱼类

带 鱼

带鱼是硬骨鱼纲鲈形目带鱼科带鱼属的一种。又称刀鱼、白带鱼、牙带鱼、鮤鱼、裙带、肥带、油带。中国近海经济食用鱼类。为中国传统"四大海产"(带鱼、小黄鱼、大黄鱼、乌贼)之一。

◆ **地理分布**

带鱼广泛分布于大西洋、太平洋、印度洋的热带至温带海域。中国沿海均有分布。中国近海带鱼可分为黄－渤海群、东海群、南海群等3个地理种群。东海南部外海可能存在另一个独立的带鱼群体。

◆ **形态特征**

带鱼体长达 1 米有余。体极度延长，侧扁，呈带状；背尾向后渐细，成鞭状。全长为肛长（鱼体由吻端到肛门前缘的长度）的 2.5 ～ 3 倍。吻尖长。眼中等大小，高位。口大，上颌骨伸达眼的下方，下颌突出。牙强大，侧扁而尖，排列稀疏；上、下颌的前端均有犬牙，两侧有侧牙。鳃耙细短。鳞退化。侧线始于鳃盖上缘，在胸鳍上方显著下弯，沿腹缘伸达尾端。背鳍较高；臀鳍退化为小刺，常埋入皮下或稍突出体表。

带鱼

无腹鳍和尾鳍。体呈银白色，背鳍与胸鳍浅灰色，鳍膜上布有小黑点，尾鞭呈黑色。

◆ **生物学习性**

带鱼通常栖息于近海浅水底层，常进入河口。大的成年个体通常白天在近表层水域摄食，夜间游至底层；幼鱼和小个体成鱼白天常在近底层水域摄食，夜间游至近表层水域。幼鱼主要以磷虾、浮游甲壳类和小型鱼类为食。成鱼主要以鱼类为食，同类相残很常见，有时也以头足类和甲壳类为食。带鱼生长迅速。1 冬龄鱼平均肛长即可达 180 ～ 190 毫米，重 90 ～ 110 克，年轮的形成时间在冬春季，晚生群的第一轮距明显小于早生群。2 冬龄鱼肛长即可达 280 ～ 290 毫米，重 300 余克，年轮的形成时间在春夏季。近海最大个体的肛长约为 500 毫米，最大年龄为 7 龄。东海带鱼的性成熟比黄、渤海的早，1 龄鱼即可大部达性成熟。带鱼产卵期在 4 ～ 7 月，并可一直延续到 10 月以后。属于多次排卵类型，产卵期可排卵 2 ～ 3 次，第一次到第二次排卵间隔约为 1 个月。带鱼的个体绝对繁殖力为 1 万～ 1.6 万粒，个体相对繁殖力约为 140 粒 / 克。卵和仔稚鱼均为浮性。

◆ 洄游

黄 - 渤海种群。产卵场位于黄海沿岸和渤海的莱州湾、渤海湾、辽东湾，越冬场位于济州岛附近。3 ～ 4 月带鱼从越冬场向产卵场作产卵前期索饵和产卵洄游；夏、秋季产卵群体产卵后向黄、渤海近海和河口作索饵洄游；至秋末冬初，11 月前越冬群体离开渤海，12 月底前后离开黄海北部和中部，进入济州岛附近越冬场。

东海种群。基本上属于南北往返洄游类型，也有东南—西北向的洄游方式。春季，在浙江中南部外海越冬的带鱼性腺开始发育并向近海移动，由南向北进行生殖洄游。浙江中南部近海的产卵期为 4 ～ 6 月，浙江中北部海域 5 ～ 7 月形成生殖高潮。从 8 月起产卵鱼群明显减少，主群继续北上越过长江口，8 ～ 10 月进入黄海南部海域索饵。秋末冬初鱼群开始进行越冬洄游，或从江苏、长江口、舟山渔场的索饵海区沿东南方向进入东海外海，或由北向南沿浙江近海进入福建的闽东、闽中渔场。但闽南—台湾浅滩的群体一般不作长距离洄游。

南海种群。一般分布于南海北部大陆架浅水区，属近海洄游类型。11月从台湾海峡进入南海，向西作长距离适温洄游。12月密集于珠江口，随后分两部分洄游：一支鱼群迁回于308、309等渔区，之后向沿岸北上并靠近浅水海域，次年1～3月途经310、311等渔区进行繁殖，产卵完毕转向深海；另一支鱼群继续向西移动，5月大都移动到上川岛外海，7月洄游到大洲附近海域。此后，带鱼开始按原路线向东北洄游。北部湾的带鱼只在本海域做深、浅水移动。

◆ 资源概况

带鱼是中国海洋捕捞单鱼种渔获量最高的种类。2013年带鱼渔获量占全国海洋捕捞总产量的8.67%。带鱼资源在20世纪50年代起逐渐得到开发利用，渔场主要集中在沿岸和近海。到70年代中期，带鱼资源已得到充分开发；但从70年代后期起，带鱼资源已被过度利用，资源密度下降，年渔获量也明显下降；到80年代后期，带鱼资源降到低谷。1995年起实施新的"伏季休渔"制度后，带鱼的年渔获量大幅上升。21世纪以来，带鱼资源处于过度利用状态，群体组成小型化、性成熟提早、单位渔获量下降等生长型过度捕捞现象比较明显，资源结构尚不合理，捕捞产量和资源波动加剧。

带鱼是中国海洋捕捞对象中最重要的经济鱼类，带鱼资源的兴衰关系到中国海洋捕捞业的稳定，是中国渔业资源研究和管理的重点鱼种。带鱼养护采取的主要措施有：①伏季休渔制度。②保护区建设。③资源管理建议。总的管理意见是实行"夏保、秋养、冬捕"的生产方针，有条件时也可提倡"休半年、捕半年"的生产方式，或逐渐推行带鱼的限额捕捞。

◆ **价值**

带鱼肉细嫩，清蒸、煮食或制成五香鱼罐头，都别具风味。腌带鱼更是传统的副食品。带鱼皮肤上的虹彩细胞还可制作装饰品的银色涂料和多种医药原料。

剑 鱼

剑鱼是硬骨鱼纲鲈形目剑鱼科剑鱼属的一种。俗称箭鱼、剑旗鱼等。

◆ **地理分布**

剑鱼分布于全球热带和温带的大洋，分布范围为北纬50°～南纬50°，在地中海、黑海和马尔马拉海以及在沿岸海域均能发现，剑鱼一般活动在温跃层上面，适应温度为5～27℃。栖息深度可达650米。此外，在温暖的海水中，雄性的数量明显多于雌性。在西大西洋，从加拿大到阿根廷，以及从挪威东部到南非附近海域均可看到剑鱼的足迹，剑鱼的游动是在南北大西洋的温带水域和亚热带水域之间游动，而且不会穿过赤道游动。

◆ **形态特征**

剑鱼的体粗壮，稍侧扁，上颌和喙部延长，呈一扁平剑状突起。眼大，齿细小，随着成长而逐渐消失，成鱼则不具颌齿。无鳃耙。体裸露无鳞。侧线不明显。背鳍2个，相距较远，第一背鳍高大，始于鳃孔上方，基底短，呈三角形，具38～45鳍条；第二背鳍短小，具4～5鳍

条。臀鳍 2 个，第一臀鳍大，具 12 ～ 16 鳍条；第二臀鳍很小，具 3 ～ 4
鳍条，与第二背鳍同形相对。胸鳍低位，镰状。无腹鳍。尾鳍大，新月
形。尾柄每侧具有一强隆起脊。背部和体侧呈棕褐色，腹部浅棕色。

◆ **生物学习性**

剑鱼为暖水性种，夏季向偏冷海域进行索饵洄游。秋季向偏暖海域
进行产卵和越冬洄游。摄食金枪鱼类、鲯鳅、飞鱼和头足类等。大西洋 -
加勒比海、墨西哥湾可全年产卵，高峰期是 4 ～ 9 月。在太平洋赤道水
域也可全年产卵。最大全长 445 厘米，重 540 千克。

◆ **经济价值**

剑鱼为大型大洋高度洄游性的中上层鱼类，是金枪鱼延绳钓渔业
重要的兼捕对象之一，也是世界重要经济鱼类之一，其经济价值与大眼
金枪鱼相当。总产量一直稳定在 19 万～ 21 万吨。剑鱼类主要为金枪鱼
延绳钓船的主要兼捕对象之一，在日本市场是为高级刺身（生鱼片）的
原料鱼之一，其经济价值与大眼金枪鱼差不多。剑鱼类的体形比大眼金
枪鱼等的大，大者全长（从上颌端到尾鳍末端）为 4 ～ 5 米，体重为
500 ～ 600 千克；小者全长为 2 ～ 3 米，体重为 200 ～ 300 千克。因此，
如果在一次的延绳钓作业中能捕到一尾剑鱼，即相当于捕到 70 ～ 80 千
克重的大眼金枪鱼 4 ～ 5 尾。

鲐　鱼

鲐鱼是硬骨鱼纲鲈形目鲭科鲭属的一种。又称鲐巴鱼、鲭、日本鲭、

青花鱼、油桶鱼、青占等。

◆ **地理分布**

鲐鱼广泛分布于西北太平洋沿岸水域，渤海、黄海、东海、南海均有分布，最北达到千岛群岛和鞑靼海峡。分布于东海、黄海的鲐主要为东海西部群及五岛西部群2个种群。

◆ **形态特征**

鲐鱼的体粗短，呈纺锤形，稍侧扁。背腹面皆钝圆，腹缘曲度大于背缘，尾柄短而细。头大，前端细尖，略呈圆锥形，两侧平坦，背腹二面皆凸圆。吻长于眼径。口大，倾斜，其后端达眼的中央下方。上颌骨完全被盖于眶前骨下。牙细小，上下颌呈单行；犁骨及腭骨有牙，舌平滑无牙。眼大，位高，其上缘达头的背缘。背鳍2个，距离较远；胸鳍短宽，上侧位；腹鳍与胸鳍等长，位于胸鳍下方稍后；尾鳍大、叉形，分叉深，尾鳍基部两侧有二隆起脊。鳞极细小，在胸鳍基常较大。头部除鳃盖骨及下鳃盖骨被细鳞外，余皆裸露。侧线位偏后方，呈不规则波纹，侧线鳞208～215。体背部青蓝色，具蓝色不规则斑纹，斑纹延续至侧线下方，但不伸达腹部；腹部黄白色，头顶黑色；背鳍、胸鳍及尾鳍灰黑色。

鲐鱼

◆ **生物学习性**

鲐鱼是近沿海中上层的暖水性鱼类。好群游，幼鱼时，常与其他种的鲭科鱼类或鲱科小沙丁鱼类形成群体。具趋光性，有垂直移动现象。白天时，成鱼常栖息在近底层的水域；晚上时，则往上群游至可以捕食到桡足类和其他浮游性甲壳类、小鱼或乌贼的水层。

食性

鲐鱼摄食浮游甲壳类（桡足类、端足类）及其他鱼类。东海南部台湾海峡鲐鱼种群的摄食，从出现频率来看，桡足类最高，端足类其次，鱼类再次。其中，鱼类主要是各种幼鱼。此外，也摄食藻类、被囊类、等足类和糠虾类。日本学者认为，鲐在仔稚鱼和幼鱼时期，初期以桡足类的无节幼虫和桡足类的幼体为食，以后以小型桡足类、夜光虫、尾虫类、纽鳃樽类为食，进一步生长后则以糠虾、磷虾类、沙丁鱼幼体为食。东海鲐鱼种群在夏、秋季都有摄食现象，最大摄食强度可达4级，但相对来说，秋季鲐鱼胃饱满度高一些。

洄游

冬季时，鲐鱼群体会栖息于较深水域，且活动力会降至最低。栖息深度在0～300米，一般在50～200米。春季向黄海近岸营产卵洄游，5～6月鱼群密集于威海、烟台近海，产卵完毕，返回深水。海洋岛于6～7月，有大批索饵洄游鱼群到达。秋季，产卵后群体和当年生幼体集中分布在长江口、舟山群岛东侧海域索饵育肥；冬季，鲐鱼分布中心又回到东海、黄海外海、济州岛南部海域，即重新回到越冬场。

生长

7月初，在沿岸可捕到40～60毫米幼生群体；8月中旬，当年生最大个体已达120～140毫米，10月可达200毫米。20世纪50年代前期，黄海鲐鱼种群的群体组成为3～7龄，其中主要为4～5龄鱼。由于大量捕捞，50年代后期，鲐鱼群体组成即发生了大的变化，4～5龄鱼骤减，3龄鱼成为优势年龄组。及至60年代初又以2龄鱼为主。至21世纪初，黄海鲐鱼的群体组成以1龄为主。

◆ 生活史特征

鲐鱼一般2龄性成熟，少数个体1周岁即可性成熟。初次性成熟叉长一般为210～250毫米。个体怀卵量为20万～110万粒，平均约70万粒。黄海区鲐鱼产卵后约40天，沿岸就出现当年生幼体。

◆ 经济价值

鲐鱼是中国近海食用经济鱼类之一，在中国经济鱼类中占重要地位。鲐鱼肉结实，含脂丰富，为重要食用鱼。可供鲜食和腌制，油煎烧烤皆宜。肝内维生素含量高，可制鱼肝油。一般以新鲜、冷冻、烟熏、盐渍或制成罐头等方式出售。

越冬洄游鱼类

白姑鱼

白姑鱼是硬骨鱼纲鲈形目石首鱼科白姑鱼属的一种。又称白果子、白米鱼。中国近海食用经济鱼类。

◆ 地理分布

白姑鱼分布于印度洋和太平洋西部海域。中国沿海均有分布。东海、黄海的白姑鱼大致可分黄海种群和东海种群两个地理种群。

◆ **形态特征**

白姑鱼的体延长，侧扁。头中大。腹部圆形。吻圆钝，吻长大于眼径，吻上具4小孔，上行3孔，下行1孔，较大，位于正中。吻褶完整，不分叶。眼中等大，眼径与眼间隔约相等。口大，前位，上颌稍长于下颌，后延伸达眼中部下方。牙犁骨，腭骨及舌上均无牙。颏孔细小，有6个，排成2行，上行2孔，下行4孔，中央颏孔和内侧颏孔呈四方形

白姑鱼

排列，外侧颏孔存在，无颏须。背鳍连续，基底长，鳍棘与鳍条间具一凹陷；臀鳍基底短；尾鳍楔形。背鳍 X，I -27；臀鳍 II -7；胸鳍 16 ~ 17；腹鳍 I -5。体被栉鳞。侧线浅弧形。体背侧灰褐色，腹部银白色；背鳍鳍条部中间有一白色带纹；鳃盖上有一黑斑。鳔前端圆形，后端尖细，具侧肢25对，无背分支，具腹分支。

◆ **生物学习性**

白姑鱼通常栖息于海水澄清、水深40 ~ 100米的泥沙底海区。白姑鱼为杂食性鱼类，主要食底栖动物及小型鱼类，如长尾类、短尾类、脊尾白虾、日本鼓虾、鲜明鼓虾、小蟹、矛尾鰕虎鱼、纹缟鰕虎鱼等。在不同月份，其摄食强度有较明显的差异，5 ~ 8月摄食强度较大，冬季摄食强度较小。有明显季节洄游习性，产卵最适水温为20℃左

右，盐度为 33.4。产卵鱼群分布水域以水深 40 ～ 60 米一带最为密集。产卵后在附近海区索饵，秋末返回越冬场，越冬鱼群分布水域以水深 80 ～ 100 米一带最为密集。

白姑鱼的产卵场分布较广，在北部有渤海、海州湾与鸭绿江口一带的产卵场，产卵期为 4 ～ 7 月，盛期 5 ～ 6 月；在中部有长江口、舟山产卵场，产卵期为 5 ～ 9 月，盛期 7 ～ 8 月；在南部有闽中产卵场，产卵期为 5 ～ 7 月。

黄海种群的越冬场在济州岛的西北和西南海域。每年 3 月后，当黄海冷水开始退缩时，即每年 4 ～ 5 月鱼群则从越冬场向北进行生殖洄游，分别进入渤海各大河口，鸭绿江口及海州湾等地，亦包括朝鲜半岛西岸水域产卵。产卵期为 5 ～ 6 月；产卵后早产卵场附近海域进行索饵。9 月下旬当渤海水温下降，鱼群便离开渤海南下，于山东半岛高角外海与鸭绿江口南下的鱼群汇合后继续南移。10 月下旬又与海州湾鱼群汇合于山东半岛以南海区，于 11 ～ 12 月进入越冬场。

东海种群的白姑鱼有南、北两个越冬场。由于洄游路线和繁殖，越冬场场所不同，分为两股鱼：北部越冬场位于长江口和舟山群岛外海，生殖期间游向近海产卵，5 ～ 8 月密集于长江口，舟山渔场一带产卵，产卵后逐渐向北活动并进行索饵，然后随着水温降低，鱼群转向北部越冬场，在越冬场常与黄海群相混；南部越冬场位于浙南至闽中外海，3 ～ 4 月在该越冬场的鱼群逐渐向岸靠拢后顺着与岸线平行的方向向北移动，6 ～ 8 月集群于闽中及舟山渔场一带产卵，产卵后分布于浙江中南部和闽东近海索饵，约在 10 月开始重返越冬场。

◆ **生活史特征**

白姑鱼生命周期较短，年龄组成比较简单，最高寿命为 10 龄。白姑鱼的年轮是一年形成一次，年轮形成期较长，但仍有一个相对集中的形成期，主要为 4 ～ 5 月。由于白姑鱼在机轮拖网中容易脱鳞，所以一般以耳石作为鉴定年龄的材料。不同海区白姑鱼的年龄与生长是有差异的，体长组成和优势体长组各年情况也不一样。白姑鱼的初次性成熟的年龄已由 2 龄转为 1 龄。在 1 龄中，大约 25% 的个可达性成熟（雄鱼中的性成熟比例更高，可至 40% 以上），2 龄鱼大部分个体均可性成熟，3 龄鱼的个体全部性成熟。排卵方式随年龄不同而有所区别。1 龄鱼为一次排卵；2 龄以上的鱼为多次分批排卵。排卵量随年龄增长而增加，2 龄鱼为 2 万粒；3 龄鱼为 12 万粒；4 龄鱼为 18 万粒。卵浮性，呈球形，卵径为 0.85 ～ 0.92 毫米。在水温 20.4℃ 的环境中，受精卵约 33 小时孵化。

◆ **资源概况**

中国没有专门的白姑鱼鱼汛，白姑鱼只是机轮拖网的兼捕对象。渔获量在历史上有较大的变化。直到 2003 年，中国才开始将白姑鱼的产量列入《中国渔业统计年鉴》中。

白姑鱼资源状况尚处于相对稳定，但白姑鱼的渔况也在减少，如渔场范围、鱼发时间与个体大小等都不如以前。因此，有必要对白姑鱼资源进行养护。

鳀

鳀是硬骨鱼纲鲱形目鳀科鳀属的一种。又称离水烂、青天烂、烂船钉、老眼屎、鲅鱼食、海蜓、鳀抽条。

◆ **地理分布**

鳀分布广泛，南起台湾海峡，北至库页岛南端均有分布。鳀分为渤海群体、黄海群体和东海北部群体 3 个地理种群。

◆ **形态特征**

鳀的体细长而稍侧扁。体长 82 ～ 110 毫米，腹部近圆形。头稍大而侧扁。吻圆而短，前端超过下颌。眼大，侧位而高。鼻孔小，距眼前缘较吻端为近。口宽大，下位。前颌骨小，上颌骨长而不伸过鳃孔，下颌较上颌短。牙小，上下颌及舌均有牙。鳃耙细长。鳃孔在，有假鳃，鳃膜不与峡部相连。背鳍 125 ～ 145，起点稍后于腹鳍起点；胸鳍 11 ～ 12，低，末端不达于腹鳍；腹鳍较胸鳍为小，始点距胸鳍始点和臀鳍始点相等；臀鳍 88 ～ 113，起点在背鳍后；尾鳍深叉形。全身有鳞，无侧线。体色上部灰色，侧上方微绿，两侧及下方银白色。

鳀

◆ **生物学习性**

鳀为中上层鱼类，一年四季具有明显的昼夜垂直移动现象。白天鳀一般分布于中下层至底层，以各种形状的集群出现，有时，尤其是幼鱼也分布于中上层；夜间鳀则主要离散分布于中层至中上水层。鳀以浮游生物为食，饵料组成主要包括浮游植物、浮游动物、鱼卵仔鱼、有机碎屑等近 60 种，以浮游动物为主。在浮游动物中又以浮游甲壳类为主。鳀饵料组成与栖息地的浮游生物组成相一致，具有明显的季节和区域性变化。不同体长组的鳀仔、稚鱼食物组成也有所不同。鳀的摄食强度随着时间而变化，与生理活动密切相关。越冬期间摄食强度最低，基本不摄食，空胃率达 90% 以上，能量主要来源于索饵洄游期间累积在体内的脂肪。随着性腺的发育其摄食等级增加，4 月达到全年的最高值。产卵期间摄食强度较弱，空胃率超过 60%。伴随着产卵的结束，索饵洄游的开始，鳀的摄食强度再度增加。

◆ **生活史特征**

鳀年代际生长速度差异不大，均为等速生长，黄海、东海鳀的最大年龄为 4 龄。鳀 1 龄鱼就可以产卵。每年的 3 月中旬前后，随着海水温度的回升，鳀洄游到黄海、东海和渤海各湾产卵场。鳀的产卵期较长，从 5 月中下旬水温达 14 ～ 16℃ 时开始产卵，6 月为产卵盛期，到 10 月中旬前后水温 21 ～ 23℃ 时产卵结束。东海区鳀的生殖期更长，浙江近海 2 月已见鳀产卵，而浙闽外海 11 月仍见鳀卵子。鳀一般在夜间产卵，产卵活动高峰分布于午夜前后，产卵类型为多峰连续排卵型。20 世纪 80 年代中期，黄海中南部鳀个体绝对繁殖力为 600 ～ 13600 粒；21 世纪初，鳀的生殖力为 2337 ～ 33457 粒，怀卵量为 5170 ～ 109667 粒，生殖力显著增大。卵和仔稚鱼均为浮性。

鳀对温度的变化十分敏感，一年四季在产卵场、索饵场和越冬场之间有节律地做季节性洄游。11 月初，随着水温的下降，鳀开始南下，逐渐向深水区做适温洄游。12月初至翌年3月初是鳀的越冬期。黄海西南部流向东南方向的苏北沿岸冷水和涌向西北方向的黄海暖流分别形成有效的物理屏障将黄海南部和东海北部阻隔为相对独立的越冬场，黄海南部越冬场鳀密集分布区的南界一般位于苏北沿岸冷水北侧锋面和黄海暖流锋面，水温 11～13℃ 的水域经常形成极高密度的鳀分布区。东海北部越冬场鳀密集区主要分布于苏北沿岸冷水南侧锋面以南水域，其南界和东界主要受台湾暖流和黑潮次表层水的涌升所左右，一般位于 14℃ 等温线附近。3月中下旬以后，自南向北随着水温的回升，鳀逐步由深水越冬场向西、西北沿岸扩散，一边摄食一边向产卵场做生殖洄游。长江口以南的鳀主要向西游向浙闽沿岸和舟山群岛产卵场。黄海东南部和中东部越冬场的鳀则大致分为两支分别向西北和向北扩散，进入山东半岛南部水域、黄海北部和渤海。与大多数洄游性鱼类一样，鳀的生殖洄游也是大个体在前，小个体在后，重复产卵个体先期进入产卵场。7～8月，大部分鳀已结束产卵，移向深水区索饵，少部分个体在索饵场继续产卵。9～10月，随着水温逐步降低，鳀进一步向深水区移动；渤海鳀开始往返；除福建沿岸尚有少量鳀仍在产卵外，黄海、东海鳀的生殖季节基本结束。

◆ **资源概况**

鳀是高营养层次经济鱼类的主要食物，为重要的饵料鱼类。20世纪80年代，资源丰富，资源量在 200万～300万吨波动。从1989年开始至20世纪90年代中期，鳀拖网生产规模逐渐扩大，生产时间也不断延长，逐渐发展至全年作业，鳀渔业渐渐兴起成为捕捞业的主导产业，鳀的年产量也大幅增加，1997～1998 年度产量甚至超过 100 万吨。在经历了约 10 年的大规模开发、高强度捕捞后，从 1999 年开始鳀资源衰退严重，至 2000～2001 年度冬季现存生物量仅有 40 余万吨，之后徘徊在 25 万～40 万吨的低水平上，资源量锐减。降低捕捞压力是其资源恢复的唯一途径。

第5章

虾类

中国对虾

中国对虾是节肢动物软甲纲十足目对虾科明对虾属的一种。又称东方对虾、明虾、对虾。俗称黄虾（雄虾）、青虾（雌虾）。

◆ **地理分布**

中国对虾在中国主要分布于太平洋西北海岸黄渤海海区的山东、河北、辽宁、天津及江苏近海。在朝鲜半岛西海岸和南海岸也有分布。自然种群包括分布于黄海东岸的朝鲜西海岸种群、分布于渤海和黄海西海岸的中国黄渤海沿岸种群，以及分布于朝鲜半岛的南海群体。

◆ **形态特征**

中国对虾个体较大，体形侧扁。雌虾体长 18～24 厘米，雄虾体长 13～17 厘米。甲壳薄、光滑透明。全身由 20 节组成，头部 5 节、胸部 8 节、腹部 7 节。除尾节外，各节均有附肢 1 对，其中有 5 对步足，前 3 对呈钳状，后 2 对呈爪状。头胸甲前缘中央突出形成额角。额角上、下缘均有锯齿。雌虾体呈青蓝色，雄虾体呈棕黄色。雄虾交接器呈喷泉形，雌虾交接器为圆盘状，具有封闭型纳精囊。

◆ **生物学习性**

中国对虾为广温、广盐性一年生冷水性大型洄游虾类，是世界上分布纬度最高、唯一进行较长距离洄游的暖温性对虾。喜栖在泥沙质海底，平时在海底爬行，有时也在水中游泳，夜间活动频繁。中国对虾幼体以浮游植物为饵，仔虾捕食浮游动物，幼虾和成虾主要食底栖动物，如甲壳类、多毛类、瓣鳃类、腹足类、蛇尾类和海参类等。其生活史中共进

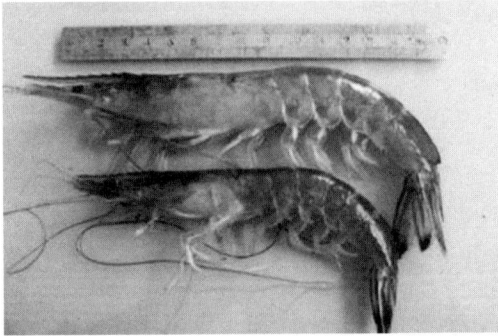

中国对虾

行两次洄游，每年10月左右交尾后，由于水温下降，便开始集群向黄海南部深海区迁移（越冬洄游）。12月到次年1月进入越冬场，而后分散越冬。越冬场的水温一般在8～10℃，

最低可达6℃。寒冬过后，浅海水温开始回升，对虾又开始集群自黄海向北迁移。主要虾群约在3月上旬到达山东半岛东南端，中旬向渤海前进，虾群十分密集。4月中旬以后，进入渤海的虾群渐渐分散到各河口和辽东湾，寻找适宜的环境产卵繁殖（生殖洄游）。生殖洄游时，雌虾群在前，雄虾群在后。

◆ **生活史特征**

中国对虾自产卵、受精、孵化、发育到仔虾，要经过3个不同形状的幼体阶段，即无节幼体、溞状幼体、糠虾幼体，9次蜕壳，然后才发育到仔虾。仔虾还要经过14～22次蜕壳，才能性成熟，繁殖后代。雄

虾一般体长 155 毫米左右，体重 30 ～ 40 克；雌虾一般体长 190 毫米左右，体重 75 ～ 85 克。

渤海湾群体每年秋末冬初开始越冬洄游，到黄海东南部深海区越冬；翌年春北上形成产卵洄游。在自然海区的产卵水温为 13 ～ 18℃。4 月下旬开始产卵，怀卵量 30 万～ 100 万粒。具有多次（分批）产卵的习性，雌虾一边产卵，一边将纳精囊里的精子排放，在海水中与卵结合，雌虾产卵后大部分死亡。卵孵化后的无节幼体、溞状幼体、糠虾幼体在水中营浮游生活；发育到仔虾后转营底栖生活并向河口、浅水区移动；幼虾随生长会再次渐移向外海深水区，成熟后又移回近岸产卵。中国对虾野生群体自 9 月份开始越冬洄游，形成秋收鱼汛。

◆ **资源概况**

中国对虾是中国重要渔业资源之一，与凡纳滨对虾、斑节对虾并称为"世界三大名虾"。中国对虾渔业曾经是黄海、渤海渔业生产的支柱产业。1962 年以前，中国对虾渔业生产以春汛为主，年产量波动在 1739 ～ 34061 吨；从 1962 年开始，改为秋汛为主，产量逐年增加，其中 1979 年达历史最高水平，为 42726 吨；1979 年以后，中国对虾资源开始衰退，产量逐年下降；1990 年以来，在渤海已不能形成专捕中国对虾的生产鱼汛，中国对虾只是其他渔业生产的兼捕对象。

自 1984 年开始，中国相继在山东半岛南部沿岸、黄海北部沿岸、渤海沿岸等放流中国对虾，使其种群数量得到有效的补充，每年在增殖放流海域，能够形成中国对虾的鱼汛。

◆ 养殖

中国水产科技工作者于 20 世纪 70 年代末，突破了中国对虾人工育苗技术，解决了人工增、养殖的苗种问题。大规模养殖兴起于 80 年代中期，高位池养殖、温棚养殖、工厂化养殖等多种模式的发展，有效促进了中国对虾的养殖。中国养殖区主要集中在黄渤海沿岸。从 20 世纪末以来，中国对虾"黄海"系列品种成为农业部门主推的品种，每年养殖产量已超过捕捞产量。

第6章

大型海洋动物

海豹类

西太平洋斑海豹

西太平洋斑海豹是哺乳纲食肉目海豹科海豹属的一种。又称斑海豹。

◆ **地理分布**

西太平洋斑海豹在中国分布于黄海和渤海，偶有个体到达东海和南海。国际上广泛分布于白令海、鄂霍次克海、日本海等海域。

◆ **形态特征**

西太平洋斑海豹的雄性个体体长1.61～1.76米，雌性1.51～1.69米。

无耳郭。触须浅色，呈念珠状。前鳍肢较短，后鳍肢不能向前转到体下面。乳房1对。体上面和下面通常呈黄灰色，体背的颜色较深，显著地布有大小1～2厘米的暗色椭圆形

西太平洋斑海豹成体

点斑。点斑的方向一般与身体的长轴平行。可能有一些点斑围有浅色的环，或有一些大而不规则的点斑或块斑。

◆ 生物学习性

西太平洋斑海豹的食性广泛，食物包括甲壳类、章鱼类、底栖的鱼类和头足类。成体至少能潜水到300米深。雌性在3～4岁性成熟，7～9岁体成熟。1月至4月中旬在流冰群上繁殖。属每年一度的单配偶制，具领域性。在产仔季节，一头雌性和一头雄性在一起，或一头雌性、仔兽和一头雄性在一起。妊娠期约10.5个月。仔兽出生时体长78～92厘米，约4周断奶。新生仔兽具白色胎毛，约4周后脱掉。

◆ 保护措施

西太平洋斑海豹的种群数量不详，在中国为国家一级保护野生动物。中国渤海辽东湾有一个西太平洋斑海豹繁殖种群，1997年在此处建立了大连斑海豹国家级自然保护区。

鲸　类

柏氏中喙鲸

柏氏中喙鲸是哺乳纲鲸偶蹄目喙鲸科喙鲸属的一种。

◆ 地理分布

柏氏中喙鲸在中国为国家二级保护野生动物，分布在世界热带和温带海域，主要生活在水深超过500米的深水区。在中国辽宁、山东和江苏的黄海沿岸，上海、浙江和福建的东海沿岸曾发现搁浅的柏氏中喙鲸。

2016年4月，浙江舟山渔民在普陀山附近海域误捕一头柏氏中喙鲸。

◆ **形态特征**

柏氏中喙鲸的最大体长4.7米，成体体重0.8吨～1吨。头小、额隆平、下颌具大而显著的隆起区域。雄性成体唯一的1枚牙齿的齿冠从隆起区穿出。此牙齿上常有寄生的藤壶类。身体粗壮，鳍肢小，镰状的背鳍位于2/3体长处，尾鳍中央无缺刻。体背面暗色，体腹面和下颌部浅色。雄性成体体表有许多巴西达摩鲨的咬痕和疤。

◆ **生物学习性**

柏氏中喙鲸常组成2～4头的小群，最大至10～12头的群。群很小且不做空中活动，很难在海上观察到它们的活动。主要在500米以下的深海捕食乌贼类和小型的深海鱼类。深潜水摄食的1个周期约1小时。柏氏中喙鲸没有受到过去商业捕鲸的

搁浅的柏氏中喙鲸

影响，但它是美国海军的强中频声呐演习导致集体搁浅的几种喙鲸之一。

抹香鲸

抹香鲸是哺乳纲鲸偶蹄目抹香鲸科的唯一现生种。

◆ **地理分布**

抹香鲸在全球海洋广泛分布，在中国见于黄海、东海及南海，为国

家一级保护野生动物。

◆ 形态特征

抹香鲸为最大的齿鲸，并呈最显著的两性异形。成年雌性体长11米，成年雄性可达16米。成体体重15吨（雌性）～45吨（雄性），雄成体的体重为雌成体的3倍。头巨大方形，占体全长的1/4～1/3。头内有充满鲸腊油的鲸腊器官。呼吸孔在头部前端偏左。下颌狭小，悬挂在头部下面。鳍肢宽而稍端圆。体背面有一个低而圆的背鳍，其后有一系列圆突。上颌无齿，下颌有20～26对齿，与上颌

抹香鲸

的一些凹穴相嵌合。体灰色到褐灰色，口缘常有明亮的白色区域，皮肤有许多皱褶。生殖区前的腹部和胁部常具不规则的白色的大斑。

◆ 生物学习性

高度社会性的抹香鲸由20～30头成年雌鲸和它们的幼鲸组成母系群，主要生活在热带和亚热带的深海区。青年雄鲸在4～21岁时脱离家族群，形成流动性的单身汉群（约20头）到高纬度海域闯荡。只有雄成体可到达北极或南极附近。成年雄鲸洄游到热带和亚热带，个别地访问在那里的母系群并参加繁殖。每日需要其3%体重的食物以保持自身体重。主要食物是深海中种类繁多的头足类，也有很多鱼类。摄食时潜入深海，典型的深潜约400米，能下潜到1000米以下的深海，最长

的潜水时间达 2 小时。

◆ **生活史特征**

抹香鲸的雄性约在 20 岁达性成熟；雌性约在 9 岁达性成熟，大致 4 ～ 6 年产 1 仔。妊娠期 14 ～ 16 个月，每胎产 1 仔。初生抹香鲸体长 3.5 ～ 4.5 米，体重 500 ～ 1000 千克。哺乳期约 2 年。世界现存的抹香鲸数量约 36 万头。

长须鲸

长须鲸是哺乳纲鲸偶蹄目须鲸科须鲸属的一种。

◆ **地理分布**

长须鲸是仅次于蓝鲸的大型须鲸，分布于全球各大洋。长须鲸在中国为国家一级保护野生动物，分布于辽宁、山东、江苏、上海、浙江、福建、台湾及香港附近海域。

长须鲸

◆ **形态特征**

长须鲸的雌性略大于雄性。最大的雌性体长可达 22 米，雄性为 20 米；最大的雌性体重 70 吨，雄性 60 吨。头部和体前部的颜色不对称，左侧呈暗石板色，头部（尤其是下颌）和体前部右侧浅灰色。吻突部窄，其背面中央有发达的纵脊。镰刀状的背鳍位于体长的 3/4 处，高约为基部长之半。每侧有260～480块暗色的鲸须板。前右侧的鲸须板带有浅黄色。

◆ 生物学习性

长须鲸不是一个喜集群的物种，已知的社会关系是母子对，常单独或2～7头为一群，偶尔形成较大的摄食群。常与蓝鲸在一起活动，有时也与海豚类在一起。喷潮高6米，垂直并呈V形。在一系列3～10秒的浅潜水后，做一次15秒或更长的潜水。很少做跃水、举尾或其他空中行为。游得快的大型鲸之一。长距离旅行时，每天可游约140千米。主要食物是磷虾类，也捕食其他浮游甲壳动物、集群性鱼类和小型乌贼类。在夏季高纬度摄食场和冬季低纬度繁殖场之间洄游。在6～10岁达性成熟。妊娠期11个月。哺乳期约6个月。已报道有84岁高龄的个体。

蓝　鲸

蓝鲸是哺乳纲鲸偶蹄目须鲸科须鲸属的一种。

◆ 地理分布

蓝鲸是已知的地球上最大的动物，分布于全球各大洋。从赤道到南北两半球的流冰群边缘都可见蓝鲸，在两半球的夏季大多作游向极地的迁移。

◆ 形态特征

蓝鲸体形巨大，体长23～30米。南极蓝鲸雌性成体的体长达29.9米，最大体重177吨。皮肤蓝色。背鳍很小，位于体背的远后部。头部背面宽而呈U形。沿头部背面中央有一条隆起的脊，止于围绕呼吸孔的"防溅瓣"。鳍肢较短，长3～4米。宽阔的尾叶具有相对较直的后缘和显著的缺刻。体背面蓝灰色，有浅色或暗色斑点。有 55 ～ 88 条长褶自喉部伸展达到或接近脐。腭的腹面有 260 ～ 400 对黑色的、基部宽的鲸须板。

◆ **生物学习性**

蓝鲸常单独或 2 ～ 3 头为一群，但在主要摄食场可形成 50 ～ 80 头的群。喷潮高而直，可达 9 ～ 12 米。浅潜水 12 ～ 20 秒。深潜水 10 ～ 30 分钟。常在 10 ～ 20 次浅潜水后，做 1

蓝鲸

次深潜水，到深水中摄食。在快速潜水或深潜水前，常将尾叶举出水面。偶尔跃水，身体的大部分跃出水面，并形成巨大的水花。食物主要是磷虾类，在其摄食场，可见到蓝鲸常侧身或腹面向上冲过一些巨大的磷虾群。在 7 ～ 12 岁达性成熟。妊娠期 10 ～ 11 个月，新生仔鲸体长 6 ～ 7 米。哺乳期 7 个月，断奶时幼鲸体长约 16 米。

种群动态

蓝鲸很早就成为猎捕的目标。在 1966 年得到国际捕鲸委员会（IWC）保护前的一个世纪里，蓝鲸几乎被捕鲸船猎尽杀绝。在南极被杀的蓝鲸总数约 30 万头。在禁猎后，蓝鲸种群得到了一定的恢复。现存的蓝鲸不到 1 万头。在中国为国家一级保护野生动物。

虎　鲸

虎鲸是哺乳纲鲸偶蹄目海豚科虎鲸属的唯一种。

◆ 地理分布

虎鲸分布在全球各大洋，在高纬度地区和近岸海域常见。中国分布于辽宁、山东、浙江、台湾附近海域，为国家二级保护野生动物。

◆ 形态特征

虎鲸为海豚科中体形最大的物种，成体体重 6.6 吨，平均体长 6～9米。雄性明显大于雌性，雄性成体的体长约比雌性成体的长 1 米，体重约为雌性成体的 1 倍。头部略圆，具有不明显的喙或无喙。身体黑、白两色，眼的后上方具椭圆形的白色眼斑。雄性的背鳍呈直立三角形，比雌性的背鳍高两倍。上颌和下颌每侧都有 10～12 枚圆锥形的齿。

◆ 生物学习性

虎鲸通常聚集成 5～20 头的群，也有达到 100 头或更多的群。群内的个体在旅行时相当接近，在猎食时分散在几千米范围内。有些种群主要食鱼类；有些种群主要食海兽，具洄游习性。雌性在 12～14 岁，雄性在 15 岁或以上时首次繁殖。雄性可活 50～60 年，雌性可活 80～90年。雌性每 5 年产 1 仔，终生可产约 5 仔。

虎鲸跃水

露脊鲸

露脊鲸是哺乳纲鲸偶蹄目露脊鲸科动物的统称。

◆ 地理分布

露脊鲸在全球共 4 个物种：弓头鲸、北太平洋露脊鲸、北大西洋露脊鲸和南方露脊鲸。弓头鲸生活在北极水域，另 3 个物种分别分布在北太平洋、北大西洋和南半球。在中国的黄海和东海曾发现北太平洋露脊鲸，为国家一级保护野生动物。

◆ 形态特征

露脊鲸的成体体长 13 ～ 18 米，体重 20 ～ 100 吨。各物种的吻突弯曲呈显著弓形，具有须鲸类中最长的鲸须板。在吻突部和眼的上方有许多胼胝体。躯干部粗壮，鳍肢宽阔，无背鳍，无喉沟，胸、腹部无褶沟。体黑色，但在颏部和腹部可能有一些大小不同的白斑。尾叶和鳍肢也可能有白色斑点。头部有一些黄色、

露脊鲸

红色或白色的粗糙皮疣，统称为胼胝体。上颌每侧有 200 ～ 270 块长而薄的鲸须板，褐灰色至黑色，须毛很细。成体弓头鲸的鲸须板长可达 3 米。

◆ 生物学习性

北太平洋露脊鲸在冬初从亚极带迁向纬度较低处，在接近大陆或岛屿的浅水区域逗留。交配和产仔后于春季返回亚极带。弓头鲸为一头至

几头的小群，其他 3 种露脊鲸常为 1 ～ 2 头的小群，在临时的摄食群或社会群聚时扩大至 30 头或更大的群。一个典型的出水周期包括 4 ～ 6 次间隔 10 ～ 30 秒的喷潮。喷潮高 2 ～ 3 米，由前向后看呈 V 形。弓头鲸在 12 ～ 18 岁性成熟，寿命超过 100 岁；其他 3 种露脊鲸雌性在 9 ～ 10 岁性成熟，寿命至少为 65 ～ 70 年。露脊鲸的食物为小型和中型的甲壳类，包括磷虾和桡足类。露脊鲸在水面张着口缓慢地游过并撇食甲壳动物，其鲸须把这些食饵阻留在口中。

◆ 种群动态

从 16 世纪开始，这 4 种露脊鲸曾被大量猎杀。估计在北太平洋现存的弓头鲸和北太平洋露脊鲸都只有几百头。现存的北大西洋露脊鲸约 500 头。南方露脊鲸的种群最大，现存的估计为 2.5 万～ 3 万头。

大翅鲸

大翅鲸是哺乳纲鲸偶蹄目须鲸科大翅鲸属的唯一种。又称座头鲸。

◆ 地理分布

大翅鲸分布在全球各大洋，在中国从黄海到南海均有分布，为国家一级保护野生动物。

◆ 形态特征

大翅鲸的成体体重 25 ～ 30 吨，体长 11.5 ～ 15 米。体矮壮，比须鲸科的其他物种粗短。头部背面、吻突及上下颌有许多瘤状突。从颏至脐有 24 或更多条腹褶。背鳍低而粗。鳍肢极长，达体长的 1/3，前缘具一系列瘤状突。尾叶后缘凹且呈锯齿状。体黑色或黑灰色，在喉、腹部和体两侧具白色斑。上颌每侧有 270～400 块鲸须板，黑褐色至灰色。须毛较粗，较短。鲸须板长一般不超过 85 厘米，最长的约 1 米。

◆ **生物学习性**

大翅鲸秋季游向在热带的繁殖场，春季向极带或亚极带区域洄游，穿越大洋，到达两半球冰群边缘的摄食场。大翅鲸通常单独或 2～3 头为一群，但在摄食或繁殖区域可形成最多 20 头的群聚。善做特技动作，有时做完全的跃水，即腹面向上，整个身体完全跃出水面；有时探头，即头垂直地伸出水面，眼完全超出水面。潜水过程中身体弯曲，形成独特的驼背。在长潜水前通常高举尾叶，露出尾叶腹面特有的黑白两色的色斑。喷潮比其他须鲸低且浓密，2～3

大翅鲸

米高，有时呈 V 形或心形。约在 8 岁性成熟，繁殖间隔 2～3 年。妊娠期约 1 年，新生仔鲸体长 4～5 米。仔鲸约在 8 月龄时断乳，估计寿命为 60～70 年。在繁殖场，雄鲸之间为接近发情雌鲸而竞争，在竞争中使用的繁殖炫耀行为之一是复杂的"歌唱"。捕食磷虾和成群的鲭鱼等。

◆ **种群动态**

全世界对大翅鲸的商业性捕猎于 1996 年停止。此后，有些种群得到迅速恢复。估计在北大西洋和北太平洋的大翅鲸分别有约 1 万头和 8000 头。

第7章

爬行类

龟　类

棱皮龟

棱皮龟是爬行纲龟鳖目棱皮龟科棱皮龟属的一种。别称革龟、七棱皮龟、舢板龟、燕子龟。

◆ **地理分布**

棱皮龟的分布区域广泛，北面可以到达美国阿拉斯加和挪威，南面可到非洲的厄加勒斯角和新西兰的最南端。

◆ **形态特征**

头大，颈短。头宽 133 ～ 220 毫米。上颚前端有 2 个大三角形齿突，其间有一凹口，承受下颚强大的喙。头、四肢及身体均覆以革质皮肤，无角质盾片。体背具 7 行纵棱，腹部有 5 行纵棱，因而得名。四肢桨状，无爪。前肢特别发达，前肢前缘长 720 ～ 1010 毫米，后肢前缘长 298 ～ 480 毫米，前肢为后肢长的两倍多。尾短，尾与后肢间有皮膜相连。幼龟体表及四肢均覆以不规则的多角形小鳞片。最大的分布在背甲和腹甲。此外，头背与头侧亦具有对称的鳞片。成体则鳞片消失，代之以革质的皮肤。成体背暗棕色或黑色，杂以黄色或白色的斑点。腹部灰白色。幼龟背灰黑色，身体上的纵棱和四肢的边缘为淡黄色或白色。腹部白色，有黑斑。

◆ **生物学习性**

成年棱皮龟主要以水母为食。棱皮龟是深潜的海洋动物之一。个体被记录潜水最深达 1280 米。典型的潜水持续时间在 3 ～ 8 分钟，潜水时间不长于 30 ～ 70 分钟。由于棱皮龟有大面积的附着脂肪的皮质进行保护，使得其可以与周围的水环境保持较高的温差。研究表明，成年棱皮龟的体核温度与水环境温度的温差可达 18℃ 以上。雄性棱皮龟进入海洋后，就不会离开水域；而雌性在海上交配完后，会在夜间上岸筑巢产卵。在交配的过程中，雄性会使用头部对雌性进行咬和摩擦等行为，以提高雌性的接受度。天敌为螃蟹、巨蜥蜴、浣熊、狗、土狼、鸟类、鼬类，以及从小鹭到大海鸥的水鸟。

棱皮龟容易摄食塑料海洋垃圾，哪怕少量的垃圾都有可能阻塞棱皮龟消化道致其死亡。当塑料替代肠道中的食物时，会影响营养物质的增加，致使营养稀释，从而影响其生长。摄食海洋废弃物还会减缓营养物质的增加导致性成熟的时间增加，这可能影响未来的繁殖行为。

◆ **生活史特征**

雄性每年都可以交配，而雌性 2 ～ 3 年才能交配 1 次。一个雌性个体在繁殖季里最多可以产下 9 窝卵，而每窝卵的个数平均在 110 枚左右。

◆ **种群动态**

许多人类活动间接伤害了棱皮龟的种群。作为食物链的中上层物种，棱皮龟有时被误捕（仅在东太平洋，20 世纪 90 年代平均每年意外捕获的雌性棱皮龟有 1500 只），会严重伤害整个食物链的正常运转。

◆ **经济价值**

棱皮龟的海龟板与掌有滋阴潜阳、柔肝补肾、清火明目的功效，主治阴虚内热、阳亢眩晕、目赤目暗，以及肝硬化、气管炎、风湿性关节炎等。

海 龟

海龟是爬行纲龟鳖目海龟科绿蠵龟属的一种。别称绿海龟。

◆ **地理分布**

海龟分布于除极地外的海域。

◆ **形态特征**

海龟身体的大部分由壳保护。龟壳被分为两部分：甲壳（背部）和腹甲（腹部）。壳是由较小的板，即鳞甲组成。一般来说，海龟的纺锤形壳比淡水龟或者陆生龟相对都要小。纺锤形壳的减小意味着海龟不能将其头部，腿部和臂收回到其壳中，像其他海龟一样进行保护。然而，这种流线型的体形减少

海龟

了在水中的阻力，使得海龟更善于游泳。

◆ 生物学习性

海龟通常在大陆架的水域中被发现。在出生后前 3～5 年的生活中，海龟大部分时间都漂浮在海藻垫的浮游区。一旦达到成年，它就会靠近岸边。捕食水母和其他凝胶状浮游生物。海龟保持对海洋低渗的内部环境，为维持低渗，必须排出过量的盐离子。与其他海洋爬行动物一样，海龟依靠专门的腺体去除身体过多的盐离子，因为爬行动物肾脏不能产生离子浓度高于海水的尿液。所有种类的海龟在眼眶腔中均具有泪腺，能够产生比海水盐浓度更高的眼泪。海龟大部分时间在水下，但是由于用肺呼吸，必须能够长时间保持呼吸。潜水时间主要取决于活动，觅食的时候在水下活动 5～40 分钟，而睡着的海龟可以在水下保持 4～7 小时。值得注意的是，海龟绝大多数自发式潜水是有氧的，但是当海龟被迫淹没（例如缠结在拖网中）时，其潜水耐力显著降低，因此更容易溺水而亡。幼体在前 3～5 年生活在远洋海域。在广阔的海洋中，小海龟在进入近海的草场成为专性草食动物前，以浮游动物和更小的自游性生物为食。海龟死亡率在生命的早期发生，幼仔可能会被浣熊、狐狸、海鸟或者其他海洋型食肉动物吃掉。纤维血管病导致海龟肿瘤。

◆ 生活史特征

达到性成熟需要几十年的时间。性成熟的海龟可能迁移数千英里（1 英里 ≈1.61 千米）从而到达繁殖地。在海上交配后，成年雌性会游到岸边，选择一个合适的沙滩，用后脚蹼挖一个 40～50 厘米深的巢穴用来产卵。

◆ 面临威胁

海龟是受威胁或濒危的物种。

◆ **保护措施**

制定相关法律限制海龟和海龟产品的国际贸易。海龟的性成熟时间较长，致使种群的恢复具有很大的难度，所以不仅要对海龟进行保护，还得保护海龟生活的草场和产卵的沙滩。但是海龟的保护不能进行易地保护。科学研究发现，人类对海龟生存环境的过度干涉，同样也会对它们产生较大的影响。

蠵　龟

蠵龟是爬行纲龟鳖目海龟科蠵龟属的一种。别称红蠵龟、红海龟、灵蠵、灵龟、赤蠵龟、蠢汉龟。

◆ **地理分布**

蠵龟分布于大西洋、太平洋、印度洋，以及地中海。

◆ **形态特征**

蠵龟体长 110～200 厘米。头较大，宽约 25 厘米。上下颌均具极强的钩状喙。头部背面具有对称的鳞片，前额鳞两对，幼体背部具 3 条强棱，成体背部无棱。背部表面覆以角质盾片，呈平铺状排列，颈角板一块，短宽，椎角板 6 块，第六块最大。肋角板每侧 5 块或 6 块，第一块最小，第三、第四块大。缘角板每侧 11 块。臀角板 1 对，较缘角板大。背甲后缘略呈锯齿状，腹甲较平坦，每侧甲桥处有下缘角板 3 块。外层的角板沿中线两侧成对排列着较小的喉角板、肱角板、胸角板，依次渐宽；腹角板、股角板、肛角板依次渐狭。四肢扁平呈鳍足状，前肢大，后肢小，内侧各有两爪，长成后或具一爪。尾短。背部棕红色或褐红色，有不规则的土黄色或褐色斑纹，腹部柠檬黄色或黄色。

◆ 生物学习性

大部分蠵龟生活于盐水和河口栖息地，雌鱼短暂地来到岸上产卵。杂食性，主要饲喂底栖的无脊椎动物，例如腹足类、双壳类和十足类。有比其他海龟更多的猎物列表，其中包括海绵、珊瑚、多毛虫、海葵、头足类、藤壶、腕足类、等足类、昆虫、苔藓类植物、海胆、沙金鱼、海参、海星、鱼（卵、幼体和成体）、小龟（包括其自身物种的成员）、藻类和维管植物。在迁徙过程中，也捕食水母、浮游软体动物、鱿鱼和飞鱼。水温影响蠵龟的代谢率，13～15℃的温度会使其嗜睡。当温度降至10℃左右时，蠵龟呈现浮动的冷眩姿势。然而，较年轻的蠵龟更耐寒，直到温度下降到9℃以下时才会眩晕。较高的水温导致新陈代谢和心率增加。蠵龟的体温在温暖的水域中比在较冷的水中降低更快，它们的最大临界热耐受值还是未知的。根据实验和野外的观察发现，蠵龟在白天活动最活跃。幼体和成体的游泳方式不同，幼体保持前肢压在它的甲壳的一侧，并通过踢它的后肢推动自己。随着生长和性成熟，其游泳方法逐渐被成体的交替肢法替代。在17～33岁达到性成熟，寿命为47～67岁。天敌为蛇、鸥、珊瑚、负鼠、熊、大鼠、犰狳、鼬和臭鼬。

一种疱疹型病毒可引起微血管内部和外部病变的肿瘤，这些肿瘤破坏蠵龟基本行为，如果在眼睛上，会导致蠵龟永久性失明。蠵龟的身体组织寄生了很多的吸虫，包括重要的器官，如心脏和大脑。蠵龟感染吸虫就会非常虚弱。例如，炎症性肺结核损伤可引起心内膜炎和神经性疾病；线虫也会感染蠵龟，造成呼吸道组织学的病变。

◆ **生活史特征**

在北半球，蠵龟的交配期从 3 月下旬到 6 月上旬。蠵龟的产卵期比较短暂，北半球的产卵期在 5 ～ 8 月，南半球的产卵期在 10 月到翌年 3 月。

◆ **保护措施**

蠵龟被世界自然保护联盟（IUCN）列为濒危（EN）等级物种，被列入附录一中。在美国，鱼和野生动植物管理局和国家海洋渔业局根据《濒危物种法》将其列为濒危物种。1999 年，澳大利亚的《环境保护和生物多样性保护法》将其列为濒危物种。

本书编著者名单

编著者 （按姓氏笔画排列）

马志军	马继芳	王忠明	王海涛	牛黎明
毛佐华	孔 杰	邓文洪	邓华堂	付开赟
司升云	芒 来	吕 林	任秀娟	旭荣花
庄 平	刘 伟	刘振生	江幸福	杜 宇
李玉艳	李忠义	李建强	李湘涛	杨 刚
杨晓君	吴 强	张 立	张 辉	张 鹏
张礼生	张秀梅	张泽华	张雪梅	张雅林
陆宴辉	陈大庆	陈细华	武春生	林新濯
金 崑	周开亚	周永东	冼耀华	孟智斌
赵 莉	柳 凌	姜广顺	秦道正	徐汉祥
徐宾铎	郭文超	唐文乔	梁革梅	韩冬银
戴小杰	魏开金			